U0151746

高分子抗菌材料：
设计、合成和应用

程秋丽　著

化学工业出版社

·北京·

内容简介

本书共分六章。第1章对高分子抗菌材料的研究背景、设计以及合成策略进行了简单介绍；第2章至第4章分别详细介绍了有机-无机杂化体系高分子抗菌表面、抗菌防污高分子亲水表面、生物启发含龙脑-糖基聚合物抗菌黏附表面等的制备与性能表征；第5章和第6章分别介绍了基于化学和物理交联的多功能水凝胶和基于糖基聚合物的多功能抗菌水凝胶材料，及其作为抗菌敷料在炎症伤口治疗中的应用。

全书理论联系实际，对材料尤其是高分子材料专业科研人员、高校师生；相关企业产品研发人员具有较好的参考价值。

图书在版编目（CIP）数据

高分子抗菌材料：设计、合成和应用/程秋丽著.—北京：化学工业出版社，2024.4
ISBN 978-7-122-45183-5

Ⅰ.①高… Ⅱ.①程… Ⅲ.①抗微生物性-高分子材料 Ⅳ.①TB324

中国国家版本馆 CIP 数据核字（2024）第 051697 号

责任编辑：邵桂林　　　　　　　　装帧设计：韩　飞
责任校对：杜杏然

出版发行：化学工业出版社
　　　　　（北京市东城区青年湖南街 13 号　邮政编码 100011）
印　　装：北京七彩京通数码快印有限公司
850mm×1168mm　1/32　印张 6　字数 98 千字
2024 年 6 月北京第 1 版第 1 次印刷

购书咨询：010-64518888　　　　　售后服务：010-64518899
网　　址：http://www.cip.com.cn
凡购买本书，如有缺损质量问题，本社销售中心负责调换。

定　　价：68.00 元　　　　　　　　　　版权所有　违者必究

前　言

　　细菌是人们日常生活中会经常接触到的微生物。病原菌在人们正常生活中的传播不仅危害了人们的健康，也会使一些医用材料遭到严重破坏。医疗器械、医用防护涂层、食品包装与储存，以及纺织品等领域的病原性细菌感染已经成为影响人类健康的公共卫生问题。每年有数百万患者的生命和健康受到细菌性疾病的威胁。近年来，抗生素耐药性的迅速发展使细菌感染治疗变得更加复杂。抗生素耐药基因已经在许多常见的致病菌株中传播，这使得现有的很多抗生素失去效果。此外，生物膜的形成进一步复杂化了使用传统抗生素治疗感染的情况。微生物可以在无生物表面以及有生物表面上形成生物膜，通常导致慢性感染。因此，迫切需要开发新的抗微生物材料和治疗方法对抗细菌感染，其作用机制与现有抗生素不同。高分子抗菌材料，由于其与生物分子之间非共价相互作用的灵活性和可调节性，能够预防细菌感染并减轻细菌毒力，已成为一类非常有前途的抗菌剂。

　　本书共分六章。第1章对高分子抗菌材料的研究背景、设计以及合成策略进行了简单介绍；第 2 章至第 4 章分别详细介绍了有机-无机杂化体系高分子抗菌表面、抗菌防污高分子亲水表面、生物启发含龙脑-糖基聚合物抗菌黏附表面等的制备与性能表征；第 5 章和第 6 章分别介绍了基于化学和物理交联的多功能水凝胶和基于糖基聚合物的多功能抗菌水凝胶材料，及其作为抗菌敷料在炎症伤口治疗中的应用。

由于编写时间有限，加之水平所限，书中定有不妥或不完善之处，敬请广大同行专家批评指正，以便将来再版时加以改进。

著者

目录

第2章　有机-无机杂化体系高分子抗菌表面　　35

第 5 章　基于化学和物理交联的多功能水凝胶　112

第6章 基于糖基聚合物的多功能抗菌水凝胶材料 136

第 1 章

高分子抗菌材料的研究背景、意义，设计与合成策略

1.1 高分子抗菌材料的研究背景和意义

由滋生细菌导致的感染以及相关并发症，不仅危害了人们的健康，也会使一些医用材料遭到严重破坏[1-2]。医用设备、食品包装、纺织品、海洋船舶等领域正在面临着有害细菌的污染，由细菌造成的污染已经变为世界上备受关注的公共卫生和健康问题。当植入物被引入人体，材料表面很容易被不同细胞外基质（ECM）和免疫系统蛋白覆盖。同样，血液和组织间液的蛋白质也在几分钟内迅速覆盖材料表面。材料的化学性质与湿润性对其黏附性起着重要作用。生物材料表面微生物的污染、黏附和后续的定殖对人们的健康都有潜在的危害性。其中，由微生物生物膜引起的细菌感染占临床感染的 80%，这种情况在很大程度上增加了患者的发病率和医疗费用。植入材料表面细

1

菌的黏附和扩散会影响生物材料在体内的长期使用，还会引起细菌生物膜的形成。生物膜会导致原位感染甚至移植失败，在糟糕的情况下还有死亡的危险。近年来，抗生素的使用虽然在一定程度上减缓了有害细菌的传播和蔓延。但在其应用过程中，细菌耐药性也在不断地增强；从单一耐药逐渐恶化到多重耐药，甚至出现了超级耐药细菌，这使细菌感染的情况变得更加恶化[3]。Neely 和 Maley 表示，耐万古霉素肠球菌和耐甲氧西林金黄色葡萄球菌（MRSA）在医用材料上可以存活长达一天，也有一些微生物甚至可以存活90 天以上[4]。因此，研究非抗生素类抗菌活性材料是一种非常可取的方法。

为了克服这些现存的细菌感染问题，人们正在致力于研究具有抗菌性质的材料，并应用于临床医学中以缓解医院感染的现状。具有抗菌性能的高分子材料能够在有害微生物成为威胁之前消除或者中和它们，有望提高现有抗微生物剂的效力[5]。通过减少抗菌剂毒性、增加其效率和选择性，延长抗微生物剂的使用寿命，从而减少传统抗菌剂伴随的环境问题。此外，高分子抗菌材料的优势在于其非挥发性和化学稳定性，不会透过皮肤。因此，高分子抗菌材料已经成为一个非常活跃的研究对象，具有很大的应用价值，尤其是在预防和阻止细菌感染方面。

1.2　高分子抗菌材料的设计与合成策略

高分子抗菌材料可以通过不同的单元和制造工艺进行设计，根据抗菌单元在聚合物中的作用，设计策略可以分为以下四种主要类型。

1.2.1　抗菌单元直接聚合

制备聚合物抗菌材料的一种方法是直接聚合抗菌单元，而不引入任何其他化合物。根据这种方法，抗菌单元需要具有特定的结构（例如，可直接聚合的氨基和羟基）以生成聚合物链，也可以通过两个或多个单元共聚构建聚合物抗菌材料。例如，受到天然肽的启发，Zhou等[6] 通过开环聚合和偶联反应开发了一种基于聚（ε-己内酯）（PCL）的抗菌肽。直接聚合改善了疏水性和正电荷的积累，从而赋予 PCL 抗菌肽低溶血率和良好抗菌活性；该聚合物能够通过多肽与带负电的细胞膜之间的静电相互作用破坏细菌的完整性。Tao 课题组[7] 制备了一种由开环聚合形成的聚 3-羟基丁酸（PHB）低聚物。由于一步聚合的便利和优势，该聚合物的拓扑应用赋予了耐洗涤的非抗菌织物抗菌能力。此外，缩聚也是一种有效的方法，可以用来制备胍类聚合物［如，聚六亚甲基胍（PHMG）和聚六亚甲基双胍（PHMB）］。盐酸胍/

双氰胺和1,6-己二胺在氨基团的缩聚作用下逐渐生长成线性的聚六亚甲基胍和聚六亚甲基双胍。该方法通过足够的正电荷区域为胍聚合物提供良好的水溶性和抗菌活性[8]。此外，聚合含不饱和键的抗菌单体也是制备高分子抗菌材料的一种简便方法。Yuan 等[9] 报道了含双键功能化季铵盐化合物通过简单的自由基聚合转化为季铵盐类聚合物，而不产生副产物。这一聚合过程能够调控正电荷强度以杀灭细菌。最后，聚合其他环状化合物也是制备抗菌聚合物的方法之一〔例如，聚乙烯亚胺（PEI）〕。

尽管一些抗菌单元可以直接聚合以发挥其对细菌的灭活作用，但这种策略具有一定的局限性，如抗菌单元对聚合的选择性有限、聚合程度较低以及潜在的细胞毒性等。因此，许多研究旨在探索更有效的策略以开发各种聚合物抗菌材料。

1.2.2 抗菌单元与聚合单体共聚

如上所述，抗菌单元的直接聚合可能会限制结构设计、材料制备和进一步应用。为了延展抗菌单体并赋予聚合物多种功能，许多研究者着重于将其他非抗菌结构单元合并到结构中，作为结构性和/或功能性的贡献以开发抗菌共聚物。通过丰富的单体选择和反应类型选择，聚合物具有灵活的可操作性和可控性。具体到共聚合，具有不饱和键的单体最常被选择作为聚合单元。这些单体既可以作为无功能的结构单元，也可以作为功能单元以增强抗菌效果。

Xiao 团队[10] 制备了环丙沙星-季铵盐水溶性两亲共聚物。其中，丙烯酸丁酯（BA）作为抗菌三元聚合物的组成部分之一，其在共聚物中不起作用，仅作为具有物理化学性质的聚合物组分和片段。这种由结构单元支撑的聚合物仍表现出单一的抗菌功能，没有性能改进。除了抗菌性能之外，合成聚合物抗菌材料的生物相容性也是一个重要关注点。在聚合物上引入亲水性片段是一种通用的方法，例如，Dong 等[11] 制备了一系列由疏水烷基修饰和季铵盐（QAS）组成的聚乙二醇两亲性阳离子聚合物，并系统研究了亲水性基团对大肠杆菌和金黄色葡萄球菌的结构-抑菌活性关系。与添加结构单元进行共聚相比，抗菌单元与功能单元的聚合在抗菌材料领域更受欢迎，因为功能化共聚物可以处理细菌污染并同时发挥其它作用。如图 1.1 所示，Li 等[12] 开发了一种新型的三嵌段共聚物抗菌材料，由低表面能量的氟共聚物、具有静电排斥和界面水化作用的聚（聚乙二醇）甲基丙烯酸甲酯（PEGMA）以及具有杀菌性能的季铵盐组成。该涂层对金黄色葡萄球菌和大肠杆菌具有优异的抗黏附和抗菌性能。引入的含氟聚合物与聚乙二醇的协同作用可以增强涂层的防污性能。众所周

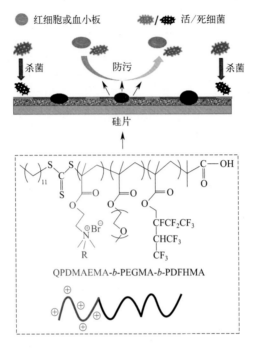

图 1.1　三嵌段共聚物 QPDMAEMA-*b*-PEGMA-*b*-PDFHMA
及其抗菌防污性能

知，尽管抗菌聚合物可以杀死大部分细菌，但死细菌堆积的碎片仍会充当生物膜的营养物质而引起二次污染。因此，一些研究人员致力于探索具有防污功能的高分子抗菌材料。Zhu 等[13] 开发了一种含季铵盐和两性离子聚合物的双功能超滤膜，引入两性离子链段赋予膜表面防污性能，并且能与季铵盐片段一起发挥抗菌性能。总之，共聚合的多功能特性将扩展抗菌单元和单体的制备方法，展现更广泛的可调节性。

1.2.3　有机金属配位聚合物的合成

与传统的有机聚合物抗菌材料不同，有机金属配位聚合物是一类特殊的抗菌聚合物，由无机金属离子和聚合物配体构成。该类聚合物以独特的空间结构和组分表现出对细菌很强的抗菌活性，其抗菌模式与金属离子相似。有机金属配位聚合物通常是通过自组装制备，金属离子通过碳上 π 键、具有自由电子对组分的配位键或其他组分的 p/π 键与聚合物结合。在众多金属配位离子中，银、镍、锌、铜和金离子因其优异的抗菌活性和配位能力，常用于制备配位聚合物。具有孤电子对的聚合物作为配体，其中 N 和 O 通常作为结合位点。抗菌性可以通过调节金属离子的类型、尺寸和空间结构、键长等因素调节。

Ning 等[14] 制备了一种具有纳米纤维和宏观形貌的一维铜（Ⅱ）基配位聚合物 $[Cu(HBTC)(H_2O)_3]$（H3BTC=1,3,5-苯三羧酸），纳米纤维对革兰氏阴性菌和革兰氏阳性菌均表现良好的抗菌活性。除了抗菌作用外，配位键可以动态形成或断裂的特性赋予配位聚合物特殊功能。中心离子与聚合物配体的配位平衡受周围环境 pH 影响，能够通过可控释放金属离子设计刺激响应型抗菌材料。如图 1.2 所示，Mao 课题组[15] 开发了一种由 Ag^+ 络合形成的 pH 响应性大孔水凝胶敷料。该

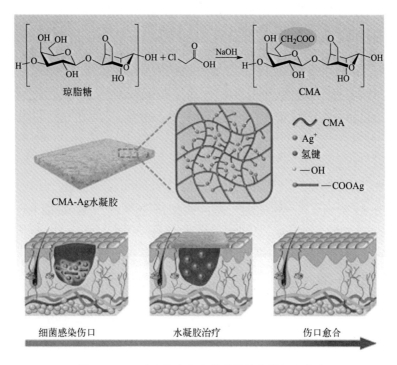

图 1.2　pH 响应性大孔水凝胶敷料的制备及其对
感染伤口愈合的促进作用

水凝胶复合材料在酸性条件下，由 Ag^+ 与羧甲基琼脂糖中羧基形成配位键发生解离，Ag^+ 释放出来杀灭细菌。有机金属配位聚合物由于其独特的金属和结构，对多种细菌具有增强的抗菌能力，然而，金属在体内的累积效应可能对人类的健康和环境造成危害。配位聚合物的实际应用仍然处于起步阶段，需要更深入地探索抗菌模式和稳定性。

1.2.4　对材料进行抗菌改性

除上述聚合策略外，将抗菌剂掺入聚合物中也是一种广泛使用的改性方法。这种方法可以分为物理改性和化学改性，其中，物理改性是将高分子材料和抗菌剂简单共混。常用的抗菌剂包括金属纳米粒子、金属氧化物和低分子量有机抗菌剂。Pakdel 等[16] 开发了一种抗菌性超疏水棉织物，通过直接添加 Ag NPs 进行改性。织物上负载的 Ag NPs 含量对织物的抗菌性能影响很大，所得到的棉织物具有良好的抑菌效果。但直接混合法受不可控释放模式的限制，且抗菌剂的渗漏也会造成环境污染和抗菌活性下降，因此，需通过化学键将杀菌剂固定在聚合物链上，使聚合物具有长期的抗菌性能。化学固定在材料表面上的抗菌剂具有稳定、安全、不浸出等特点。表面接枝法是常用的策略之一，它是通过接枝具有抗菌功能的聚合物来调节基材抗菌性能的一种有效方法。虽然表面接枝比简单的物理混合更费力，但可以更好地控制表面的化学改性。基于材料表面接枝可通过如图 1.3 所示 Grafting-to 和 Grafting-from 两种技术方式实现。其中，在 Grafting-to 策略中，涉及预先形成抗菌聚合物链末端基团与用化学基团修饰基材之间的化学反应，从而将预成型的聚合物接枝到材料表面上。这种策略的主要优点是简

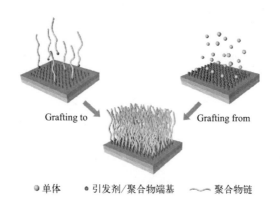

图 1.3 在固体表面接枝聚合物链的策略：Grafting-to 和 Grafting-from

单易行，即可以在杂质较少的条件下直接将长链附着在表面上，实现简单快速的处理[17]。此外，该方法在聚合物刷的形成过程中不会发生单体聚合反应；接枝的过程常常依赖预成型聚合物的端基与基材表面基团之间发生化学偶联或缩合反应。但该策略中，聚合物在表面上的空间位阻或屏蔽通常会使后续的聚合物接枝受到阻碍，导致表面覆盖率低，这些障碍往往会大大降低聚合物刷子在基底的接枝密度。相比之下，策略 Grafting-from 便能避免这一问题，从而成为通过表面引发聚合和原位反应得到密度较高的聚合物刷首选的办法。许多常用的乙烯基聚合技术都采用了这种方法。在该策略中，先将单体引发剂引发下，对基底材料表面进行功能化处理，然后再发生的原位聚合。接枝密度是由引发剂密度决定的，由于引发剂一般尺寸较小，因此具有相对较高的接枝密度。但引发剂效率低以及单体向活性聚合位点的扩散速度不同，Grafting-from 也会出现一些例如自由基聚合中的双分子终止反应，可能造成更宽的链长分布等副反应的情况。近些年来，采用 Grafting-from 策略对材料加以修饰使材料表面具备优异的抗菌性能的相关报道非常多。通常利用表面聚合方法，例如：表面引发的开环易位聚合（ROMP）、可逆加成-断裂链转移聚合（RAFT）、原子转移自由基聚合（ATRP），以及氮氧化物介导的聚合反应等来实现。例如，Lin 等[18] 借助表面引发的 RAFT 聚合反应制备了一种新型抗菌棉织物，表面季铵化后具有较高的抗菌活性和抗微生物黏附特性。Zain 等[19] 报道了一种 2-(二甲氨基)甲基丙烯酸乙酯经季铵化后表面引发 ATRP 制备抗菌棉织物的方法。改性棉织物具有较高的抗菌效率和良好的耐洗性能，且表面改性对织物的力学性能影响不大。

1.3 高分子抗菌材料发挥作用的模式

根据细菌在材料的定殖过程以及材料抗菌作用机理不同，可将高分子抗菌材料发挥作用的主要模式分类为三种：杀菌型材料、抗黏附型材料以及智能响应型材料。

1.3.1 杀菌型材料

高分子杀菌材料是指能够杀死材料表面细菌的材料。根据杀菌机制，可以分为三大类：释放杀菌型材料、接触杀菌型材料和双功能接触释放杀菌型材料。

（1）释放杀菌型材料 该类型高分子材料是指在其内预先装载或包埋抗菌剂，随着时间的推移，抗菌剂缓慢地释放到附近环境中，从而起到杀死细菌和浮游微生物的效果。生物膜形成的最关键的时间是初始的 24h。并且，大多数情况下，只需要短时间内释放杀菌剂便可以实现植入物的成功抗菌。这种作用方式主要依赖两种物理化学反应：①通过物理吸附或者滞留在聚合物基质中（释放药物的机制）将抗菌剂掺入到生物材料中；②高分子材料与杀菌剂直接发生共价功能化。广泛使用的抗菌剂包括银纳米颗粒（Ag NPs）、抗生素和氮氧化物（NO）等[20]。尤其是，Ag NPs 作为一种有效的广谱抗菌剂已被应用在高分子聚合物材料。Ag NPs 发挥其生物杀菌性质的主要机制是通过释放 Ag^+，释放的 Ag^+ 可与细菌膜结合并使蛋白质失活，从而导致细菌的细胞发生裂解。例如，Li 等[21] 以双醛纳米纤维素（DATNFC）为银纳米颗粒（Ag NPs）的沉积模板，构建了基于银修饰纳米纤维素抗菌系统（DATNFC@Ag）。该体系对金黄色葡萄球菌和大肠杆菌表现出高效的抗菌活性。尽管利用 Ag^+ 释放这种方法实现抗菌效果，并在众多研究中证实了其抗菌性能，然而抗菌剂的释放浓度会逐渐降低并失去活性。此外，在高分子材料中抗菌药物的释放不可避免地会带来一些毒性风险，这种方法需要进一步深入探讨和研究。

（2）接触杀菌型材料　与杀菌释放型材料相比，接触杀菌型材料是在细菌开始附着时通过黏附的特定生物杀菌剂或抗菌剂直接杀死细菌发挥其抗菌作用。该类材料含有致细菌死亡的部分（如功能化的侧链或主链）可以在接近接触细菌时杀死细菌。这些抗菌片段通过不可逆的共价键合或物理吸附的方式附着在高分子材料表面，以杀死附着的细菌。该类型使用的抗菌剂包括聚阳离子、季铵盐化合物（QACs）、抗菌酶（AMEs）、抗菌肽（AMPs）及它们的合成模拟物等多种分子，以实现材料的接触-杀菌特性[22]。它们能使接触细菌的细胞发生破坏，从而导致细菌死亡。具有长烷基链和带正电荷的 QACs 在与革兰氏阳性和阴性细菌的接触杀菌活性方面表现出色。QAC 分子与细菌细胞膜中的 Ca^{2+} 和 Mg^{2+} 发生离子交换，破坏细菌细胞膜内基质；此外，疏水尾巴在细菌膜上插入，覆盖细菌的整个表面，导致细菌细胞膜发生破裂、胞内液体泄漏，使细菌发生死亡[23]。侧链带有季铵基团的抗菌聚合物可以通过共价键与含有—OH 的表面（如硅橡胶、棉、钛、二氧化硅颗粒和纤维素）固定。如季铵化聚（4-乙烯基-N-烷基吡啶溴化物）（PVP）和季铵化聚［2-(二甲氨基乙基)甲基丙烯酸甲酯］（PDMAEMA）。AMEs 和 AMPs 是传统合成生物杀菌化合物的天然替代品，用于开发具有杀菌活性的高分子材料。AMEs 是一类具有直接攻击微生物、干扰生物膜形成和催化生成抗微生物化合物的能力的酶。AMPs 是大多数生物体内先天免疫系统的重要组成部分。AMPs 的优势包括免疫原性有限、快速杀菌作用以及对蛋白质降解的敏感性较低。AMPs 和 AMEs 可以通过物理方式（如吸附或逐层组装）或化学方式（如共价键结合）固定在材料上，制备具有广谱抗菌活性、低浓度下高效抗菌以及不易受到细菌抗药性的高分子材料。如图 1.4 所示，Zhou 等[24] 利用天然抗微生物肽 Jelleine-1 （J-1）在腺苷二磷酸（ADP）钠溶液中自组装形成的 J-1-ADP 多功能肽水凝胶，该凝胶对细菌和真菌具有良好的抗微生物活性，可用于预防组织感染。

（3）双功能接触释放杀菌型材料 这是一种基于释放和接触的杀菌机制，将两种不同的杀菌剂整合到一个体系中的杀菌材料。这种抗菌材料表面可以减少耐药菌株的选择和增殖，从而提供长期的抗菌效率。例如，Zhang 等[25] 制备了一种基于季铵盐交联胶束（QAS@CM）模板合成的高活性银纳米复合材料（Ag@QAS@

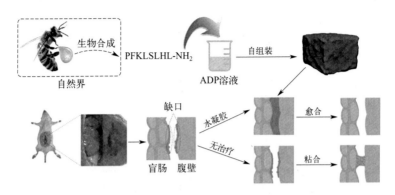

图 1.4　多功能肽水凝胶的制备及其应用

CM)，用于协同消除细菌生物膜。Ag NPs 和 QAS 片
段的协同作用使一次性使用的 Ag NPs 和 QAS 片段的
用量分别减少为原来的 1/4 和 1/2。如图 1.5 所示，
Guo 等[26] 改性了重组胶原蛋白和季铵基壳聚糖，并将
其与银纳米颗粒［Ag@金属有机框架（Ag@MOF）］
以及具有抗炎作用的积雪草苷脂负载体（Lip@AS）融
合，形成了 RQLAg 羟基凝胶。制备的羟基凝胶具有良
好的 Ag^+ 和 AS 的可持续释放能力，在体外对大肠杆菌
和金黄色葡萄球菌表现出优异的抗菌活性。同样，Cao
等[27] 利用 Ag NPs 与聚合物基体之间的相互作用，制
备了季铵化氟聚合物/Ag NPs 纳米复合薄膜，能够精
确调节表面能量以促进细菌释放，并建立协同杀菌作
用，从而同时增强杀菌和细菌释放。Ag NPs 的杀菌效
果与 QA 协同作用，使纳米复合薄膜的杀菌效率得到了
很好的改善。该类型抗菌材料同时具备了由于化学释放

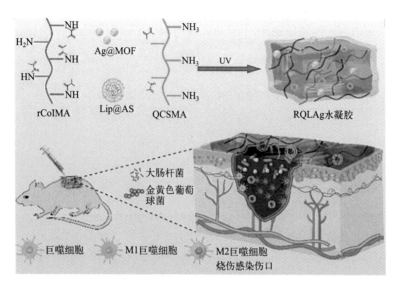

图 1.5　RQLAg 水凝胶的制备及其在伤口愈合中的应用

带来的细菌杀灭性能和接触细菌时的杀灭性能。这种双重功能由于 Ag^+ 的释放对初始细菌具有较高的杀灭效果；且在季铵盐的存在下，即使嵌入的 Ag NPs 耗尽仍能保留良好的抗菌性能。

1.3.2　抗黏附型材料

抗黏附型材料可排斥或抵抗细菌与其发生初始结合，从而抑制生物膜的形成[28]。生物医用材料一旦暴露于生物组织液体中，蛋白质将会立即在其表面进行非特异性吸附，并产生一个调节层促进细菌后续的沉降。因此，设计抗黏附型材料的原理是尽可能地减少蛋白质的非特异性吸收。细菌在基底形成生物膜的最初阶段是可逆的，所以，将可以抵抗细菌吸附的抗菌高分子引入基材是阻止生物材料受到病原体污染最直接的方法。抗黏附型材料的作用方式是抑制细菌的吸附但是不杀死它们，这种方式对细胞显示出了更好的生物相容性。表面润湿性及表面自由能对细菌在表面的黏附有很大的影响，表面能低的材料与细菌的相互作用要比表面自由能高的材料更弱。这些高分子材料通常被修饰为具有亲水性的聚合物或寡聚物，可以在水性环境中形成一种称为水合层的物理屏障。抗黏附型材料根据水合层的形成机制分为两大类：以乙二醇（EG）为基础的材料和以带正负电离子团为基础的材料。

(1) 以乙二醇（EG）为基础的材料　最常用的抗黏附型材料是基于乙二醇（EG）重复单元的聚合物或寡聚物，如聚（乙二醇）（PEG）和寡聚（乙二醇）（OEG）。其中，PEG 的排斥性能与其柔性链和亲水性链有关，这些链段可以形成很大的排斥体积效应，抑制蛋白质的吸附和细胞的附着，使它具有出色的生物相容性和蛋白质排斥性能[29]。Dong Park 等[30] 在 20 多年前在疏水性聚氨酯表面进行的 PEG 接枝明显减少了细菌的黏附。此外，PEG 在 1992 年获得了美国食品和药物管理局的批准，可用于人体内，使得 PEG 在实际临床治疗应用中具有广阔的前景。Chen 等[31] 通过交联单体 4-arm-PEG-MAL 与交联剂的迈克尔加成反应，制备了可注射和降解的 PEG 水凝胶，该水凝胶具有抑制细菌生长的效果。PEG 水凝胶可作为一种可注射的抗菌敷料，促进伤口愈合。Peng 等[32] 采用了一种通过化学键合长链聚乙二醇 PEG 减少细菌在牙科生物材料上初始黏附的新策略，证明了 PEG 改性的牙科材料对初始产酸细菌表现出优异的抗菌性能。适当分子量的聚乙二醇由于其表面能量和表面粗糙度提高了牙科器械的亲水性，因而具有良好的抗黏性能和优异的抗菌性能。这是解决口腔治疗中细菌积累问题的一种有效策略。尽管已证明 PEG 具有良好的抑菌效果，但基于 PEG 的材料也显示出一些缺点，如在生化介质中被氧化。

（2）以带正负电离子团为基础的材料　开发抗细菌黏附材料的另一种替代策略是基于仿生非污染离子交联聚合物，这些聚合物链上具有均匀分布的阴离子和阳离子团。两性离子聚合物是这类材料最具有代表性的分子，并被广泛用于赋予材料表面防污性能以减少细菌污染。两性离子聚合物在大范围 pH 值内能完全解离，从而保持整体电中性的大分子。与以弱氢键维持水合层的 EG 表面相比，离子交联材料中水合层通过静电相互作用更紧密地结合，使得这些材料在抵抗污染物附着方面更加有效。除了水化层的空间位阻作用外，两性离子聚合物中的阳离子基团还可以通过接触杀灭细菌，这为两性离子聚合物作为抗菌材料增添了额外的价值。此外，两性离子聚合物比 PEG 具有更广泛的化学功能。季铵盐、磷、吡啶和咪唑是两性离子聚合物中通常使用的阳离子基团，羧酸盐、磺酸盐和磷酸盐则是两性离子聚合物中典型的阴离子基团。例如聚羧基甜菜碱、聚磷酸甜菜碱和聚磺基甜菜碱等的两性离子聚合物被广泛应用于抗菌材料。Jiang 课题组[33] 开发了一系列由两性离子交联聚合物改性的表面，例如聚磺基甲基丙烯酸盐（PSBMA）和聚羧基甲基丙烯酸酯（PCBMA），这些表面对短期黏附的海洋细菌或生物医学细菌具有有效的抗黏附性，并防止生物膜的形成。如图 1.6 所示，Wang 等[34] 开发了可注射磺基离子水凝胶敷料（PZO-PZ），该水凝胶表现出快速自愈和剪切稀释能力，并使应用的水凝胶敷料能够自主恢复受损，以保持结构和功能完整性，从而有效防止细菌入侵，并对金黄色葡萄球菌和大肠杆菌具有优异的抗菌黏附性。

此外，一些天然有机产物与高分子材料结合也具有抗细菌黏附的效果。龙脑（$C_{10}H_{18}O$）是一种双环有机化合物和萜烯衍生物，也被称为冰片，是历史上最早使用的单一有机成分的天然药物之一。它是从香樟树的新鲜树枝和树叶中提取而来。随着对龙脑深入的药理研究、植物资源的不断扩大以及化学合成工艺的不断改进，龙脑具有良好的应用前景和临床需求。龙脑的分子

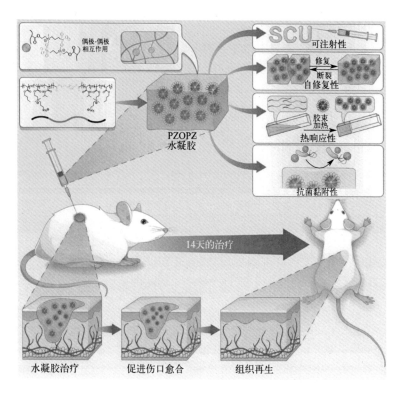

图 1.6　PZOPZ 水凝胶在大鼠全层背创面模型上
促进创面愈合的制备及应用示意图

结构中含有不对称的手性碳原子，因此它存在异构体分子，主要有左旋龙脑、右旋龙脑及异龙脑。Wang 课题组[35] 在天然产物龙脑（樟脑型双环单萜）的基础上，制备了一系列基于龙脑异构体的聚合物聚龙脑丙烯酸酯（PBA），研究了构型为 endo-L-(－)-龙脑（LBA）、endo-L-(＋)-龙脑（DBA）和 exo-Iso-(±)-龙脑（IBA）的三种龙脑化合物在材料表面的抗菌黏附性能，并对不同异构体抗菌性能的差异进行机理解释。实验结果表明，PBA对细菌和真菌起到了抑制黏附生长的作用。与PDBA材料相比，PLAB与PIAB材料具有更好的抗菌效果；也证明了聚合物表面立体化学结构，特别是双环结构，是可以用来提供抗菌黏附特性的表面。该研究有助于龙脑基高分子抗菌材料的制备及其在生物领域的研究和应用。

其他聚合物如多糖、聚（甲基丙烯酸酯羟乙基）、多肽也被作为有效的防污材料。硅烷和氟烷基聚合物也是两种具有抗附着性能的聚合物材料。这些聚合物的低表面能降低了生物体之间极性和氢键相互作用的程度，并有效地降低黏附强度，在施加剪切时使宏观污物生物从表面"释放"出来。在近几十年中，超疏水材料已被证明具有有效防止细菌防污的能力，其表面水接触角大于150°，很难润湿。超疏水性可以降低细菌与表面之间的黏附力，有利于在生物膜形成之前去除最初黏附的细菌[36]。受到自然材料分层结构的启发，具有特殊微观和/或纳米拓扑结构的材料表面也为抵御生物污垢提供了一种方法。这一类材料也可以很容易地应用在生物材料上，并且具有简单、有效和不需要使用药物的优点。

1.3.3　智能响应型材料

这类具有智能响应功能的高分子抗菌材料是将几种

特性组合到一个系统中，利用外界环境的刺激，如温度、pH 值、光、离子强度和机械拉伸，使材料表面性质发生变化，从而使界面相互作用发生变化[37]。抗菌材料面临着与死菌和其他碎片堆积相关的问题，这不仅会降低抗菌活性，还会为后续细菌的繁殖提供营养。为此，设计一种智能响应型材料可以在细菌被杀死后，去除或释放它们，以维持长期的抗菌性。这种智能响应型抗菌材料既含有杀菌的单元，又含有将细菌释放的单元，可以实现这两种特定功能的组合。其中杀菌成分包括如QACs、金属纳米颗粒和阳离子聚合物等一些合成的化学药品，也包括如 AMEs 和 AMPs 等一些天然的生物分子，它们使材料起到杀死细菌的效果。同时，能够释放细菌的成分往往是一种对外界条件具有反应的聚合物。当被固定时，能够响应外部刺激条件从而可逆地改变表面特性。通过这些转换，修饰后的表面从吸引细菌的状态改变为细菌抗性状态，使表面黏附的细菌得以释放。

1.3.4 温度响应型材料

温度作为最常见的外界刺激因素之一，已被广泛应用于控制固体表面的生物黏附。聚（N-异丙基丙烯酰胺）（PNIPAAm）是最常用且研究最广泛的热响应性聚合物[38]。当处在低临界溶液温度时（LCST，32℃），它显示出溶解度的可逆变化现象。利用 PNIPAAm 修饰后的表面能够响应温度变化可逆地改变其性质，因此，将抗菌剂与 PNIPAAm 结合在一起，能够控制表面润湿性和生物黏附特性，如蛋白质的吸附和解吸以及细胞附着和脱离。Jiang 等[39] 通过在氧化锌纳米柱上化学生长 PNIPAAm 刷开发了热响应性聚合物-纳米柱结构表面。如图 1.7 所示，当温度低于 PNIPAAm 的临界溶液温度（LCST）34.5℃时，覆盖在氧化锌纳米柱上的 PNIPAAm 刷将会高度亲水，以抵抗大部分细菌物理附着于表面。反过来，通过将温度提高到 37℃，超过其 LCST，聚合物刷转变为折叠构象的疏水状态，从而暴露出机械杀菌的纳米柱以杀死附着细菌。随后，附着的死菌和碎片可以通过再次降温从表面上去除。体

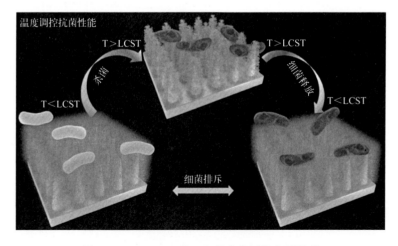

图 1.7　PNIPAAm@ZnO 纳米柱图案表面温度
介导的可切换抗菌性能示意图

外抗菌实验表明，该体系具有超强和可循环的抗菌能力，杀菌比例接近 99%，死菌释放比例接近 98%。尽管该聚合物表面具有杀菌和释放细菌的功能，但制备这些表面涉及多个步骤，且适用性不广泛，从而限制了它们的应用。

二(乙二醇)甲醚甲基丙烯酸酯（MEO$_2$MA）和甲基丙烯酸聚乙二醇酯（OEGMA）的共聚物刷也可用来制备热敏材料。这些无规共聚物的 LCST 对周围环境的敏感性不如 PNIPAAm。可以通过调整它们的含量和 OEG-MA 侧链的长度，将这些刷子的平均塌陷温度从 22℃调节到 40℃。Glinel 等[40] 制备了一种温度响应表面，该表面由附着的爪蟾抗菌肽与接枝的低聚（乙二醇）甲基丙烯酸酯组成。适当调节共聚物刷的组成，可以在非常接近生理温度的温度下控制抗菌肽的呈递。在室温下，表面的聚合物链拉伸可有效地杀死细菌。加热到 35℃以上，聚合物发生塌陷，PEG 在表面上有效抑制附着的和未附着的细菌。当温度降低，杀死功能再次被激活。

1.3.5 pH 响应型材料

具有 pH 响应性的聚合物一般是弱聚电解质，pH 值的大小可以决定它们的电荷密度和构象。将其用于材料表面时，pH 变化使表面特性发生变化，进而影响生物黏附力[41]。聚甲基丙烯酸（PMAA）重复单元上带有大量羧基官能团，是一种典型的 pH 响应性聚合物。酸性环境下，PMAA 链呈现塌陷形态；碱性环境下，由于羧酸基团被离子化为羧酸根离子而发生溶胀，从而产生高密度的负电荷、强的静电排斥力和高度的水合作用[42]。基于 PMAA 的 pH 响应性优势，Wei 等[43] 制备了一种由 PMAA 修饰的硅纳米线阵列（SiNWAs）智能抗菌表面。如图 1.8 所示，在 pH4 时，SiNWAs-PMAA 结合溶菌酶的能力非常高；当 pH 值增加到 7 时，SiNWAs-PMAA 可以将吸附的溶菌酶去除。释放的溶菌酶分子保持酶活性，作为抗菌剂杀死细菌。在杀死细菌之后，通过将 pH 提高至碱性（pH10）以去除附着在 SiNWAs-PMAA 上的死亡细菌和碎片，实现逐步改变环境 pH 值切换表面的功能。Yin 课题组[44] 利用分层聚合物刷制备了一种双层结构响应性智能抗菌表

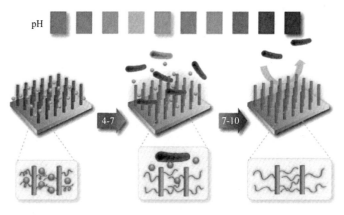

图 1.8　具有 pH 响应能力的智能抗菌表面的示意图[41]

面。在该分层表面中，pH 响应性 PMAA 为外层，抗菌肽（AMP）为内层，底层 AMP 的阳离子性和疏水性被外层亲水性且带负电荷的 PMAA 屏蔽。当细菌附着，由于代谢产生的酸引起局部内环境 pH 降低使外层 PMAA 链发生塌陷，内部杀菌剂 AMP 发生裸露，从而杀死细菌。随着 pH 增加，PMAA 链恢复带负电荷的状态，死亡细菌被释放出来。

1.3.6 光响应型材料

光也是一种有利的外部刺激条件，传递到表面，并引起快速响应。使用光作为触发点，通常不会影响局部环境或引起不良副作用[45-46]。光敏反应材料在智能药物输送系统中具有响应速度快、无创、方便、高空间分辨率和时间控制等优势。因此，利用光响应性聚合物构建智能抗菌材料也越来越受到人们的重视。Chen 课题组[47] 开发了一种光响应智能高分子抗菌表面，该体系由偶氮苯基团和七个季铵盐基团（QAS）共轭的杀菌 β-环糊精衍生物（CD-QAS）组成。该抗菌表面能够杀死 90% 以上附着的细菌；在紫外光下，偶氮基团转换为顺式，偶氮/CD-QAS 包合物发生解离，使死亡的细菌从表面去除。在循环之后，通过可见光照射以恢复偶氮反式和 CD-QAS 的重新掺入，表面功能很易再生。该表面响应于紫外线和可见光的照射，从而在杀菌活性和细菌释放两种功能之间可逆切换。

也可以通过光改变其构象以调节酶的活性。由光诱导的酶失活可以通过偶氮苯及其衍生物、螺吡喃、二芳基乙烯等光异构化基团或光可裂解聚合物结合到抗菌材料中来实现。如 Komarov 等[48] 基于可逆性可光异构化二芳基乙烯支架，设计并合成了氨基酸类似物。该类似物被掺入抗微生物肽短杆菌肽 S 的环状骨架中，可以通过紫外线/可见光有效控制所得拟肽的生物学活性，并显示出对细菌良好的抗菌性质。但是，这种方法会使酶活性因紫外线照射而产生部分损失。

1.4　常见高分子抗菌材料类型

1.4.1　抗菌涂层

控制生物材料相关感染的治疗措施通常会发生失败并给患者带来严重的伤害；因此，研究的重点已转向在植入物和装置表面设计抗菌涂层来预防和阻止生物材料的感染。涂层可以在不影响材料整体性能的情况下赋予所需要的表面功能。抗菌涂层是在生物材料表面涂上具有杀灭或抑制细菌的一种保护层，是赋予材料抗菌活性的有效策略之一。医疗用抗菌表面的设计涉及抗菌涂层，可以有效杀死溶液或表面细菌。将涂料涂覆在物体的表面上，以保护其不受细菌污染，同时也能提高其他表面性质，例如耐磨性、耐划伤性、耐腐蚀性、附着力、润湿性等。此外，它具有可以调控厚度的优势，也可以负载特定的抗菌试剂，再加上其良好的表面性质和多变的化学结构，抗菌涂层的研究已经引起了极大的兴趣。近年来，聚合物薄膜凭借良好的性能获得了广泛的应用。抗菌聚合物材料已经被认为是对抗细菌病原体的一种有前途的候选材料，相应地，抗菌聚合物涂层也已被广泛研究并用于生物材料表面。尽管抗菌涂层能够抑制或杀死材料表面或周围环境中的微生物，但是在临床应用中它们也会存在一些不足；比如涂层的力学性能较差，很容易受到损坏或者脱落而导致抗菌活性下降甚至丢失，尤其是在医用植入物的应用方面；此外，它们的生物相容性和生物安全性在生物医学的应用中也常常被忽略。因此，有必要开发新型高分子抗菌涂层材料以满足生物医学的临床需求。目前，有许多研究工作正在探究有抗菌活性的聚合物或对聚合物进行结构上的修饰和改性以达到抗菌要求的物理化学性质和生物性能。例如，Wang 等[40] 制备了一种具有光动力抗菌能力的超疏水机械杀菌表面。该多功能表面具有机械杀菌和光动力抗菌的双重性能，能够有效抑制金黄色葡萄球菌、大肠杆菌和铜绿假单胞菌的活性。此外，表面在 10 次细菌污染循环后，仍保持 99％的抗菌效率。Xu 等[49] 通过表面引发的光诱导电子/能量转移-可逆加成-断裂链转移（PET-RAFT）聚合，开发了一种含硫聚合物接枝的防污和抗菌表面。表面共聚物刷层中的硫化物单体可以进一步离子化，带有正电荷并赋予抗菌活性，从而产生具有双重防污和抗菌功能的表面。Yuan 等[50] 利用亚硝酸气体（NO）释放的季铵型离子液体（IL）基涂层接枝到聚硅氧烷（PDMS）表面，制备了具有抗菌和防污性能的 PDIL-NO 涂层。由于 IL 和释放的 NO 的协同作用，PDIL-NO 涂层展示了高效（99.9%）和长期（>7 天）的抗菌能力，并能有效减少牛血清白蛋白的吸附和细菌的黏附，同时在体内抑制伤口感染，减轻炎症反应。

1.4.2 抗菌水凝胶

水凝胶由于其优异的物理化学性能和生物相容性，在生物医学领域得到了广泛的应用。但绝大多数水凝胶除提供潮湿的愈合环境外，缺乏生物活性，因此在生物医学中的应用受到了限制。此外，随着组织工程技术的发展和细菌耐药性的出现，传统水凝胶必须被赋予促进组织再生和抗菌性能等新的生物学功能来解决这些问题[51]。将抗菌功能分子负载在水凝胶基质中是构建抗菌性水凝胶常见的方式。这些抗菌水凝胶广泛用于治疗细菌感染疾病（如细菌感染的伤口、细菌感染的骨植入物、伴随细菌感染的癌症治疗）、生物电子学和其他用

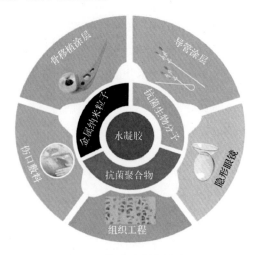

图 1.9　抗菌水凝胶的应用

于治疗细菌感染的生物医学设备（图 1.9）。Yang
等[52] 通过将细菌纤维素（BC）纳米纤维（BCD）接
枝到聚多巴胺/聚丙烯酰胺（PDA/PAM）水凝胶中，
制备了一类多功能 BCD/PDA/PAM 水凝胶敷料用于创
面愈合。该水凝胶体系具有高效、长效的抗菌性能，并
表现出较小的炎症反应和更快的愈合速度。Zhong
等[53] 利用季铵化壳聚糖中硼酸与儿茶酚基团之间形成
的动态共价键，结合儿茶酚-3-没食子酸酯（EGCG，绿
茶衍生物）的原位封装，制备了一种具有固有抗菌活性
的可注射自愈壳聚糖水凝胶，在预防细菌感染和清除自
由基方面显示出色的抗菌和抗氧化双重功能。另外，该
水凝胶具有明显的再生伤口愈合性能，其作为新型伤口
处理敷料具有潜在的应用前景。

1.4.3　抗菌纤维材料

纤维素基织物在我们的日常生活中无处不在，然而，纤维素材料的亲水性和多糖特性使其容易受到细菌攻击和病原体感染。抗菌纤维在防止细菌危害人体健康方面起着至关重要的作用，已逐渐走进人们的生活，越来越受到人们的重视。目前，纤维材料的抗菌剂主要包括有机抗菌剂和无机抗菌剂两种。有机抗菌剂通常通过破坏细菌细胞膜，并通过其主要活性成分的正电荷与细菌表面的负电荷之间的吸引力，发挥抑菌杀菌作用。无机抗菌剂通过使微量金属离子从纤维中溶解出来，扩散到细菌细胞内，导致细菌代谢紊乱和死亡。制备抗菌纤维的方法包括混纺纺丝、复合纺丝、接枝共聚反应以及抗菌剂与纤维之间的离子交换反应等。

生物丝纤维是南京 Bioserica Era 抗菌材料科技集团有限公司生产的一种低碳消耗的绿色纺织纤维，展现了优异的抗菌性能。生物丝纤维基于两种可生物降解聚合物树脂——聚乳酸（PLA）和聚羟基丁酸-共-缩戊二酸（PHBV），通过流变学改性、反应共混合熔融纺丝制备而成，实现了天然、无添加剂、绿色和环保的抗菌性能。Ren 等[54] 以壳聚糖季铵盐（QCS）为模板，通过铜硫化物纳米颗粒（CuS NPs）原位沉积制备了光热抗菌蚕丝织物。在 $400\mathrm{mW/cm^2}$ 光照射下，复合蚕丝织物具有快速抗菌效果，在照射 5min 内，金黄色葡萄球菌和大肠杆菌的死亡率达到 99.99%。Wang 等[55] 利用漆酶将高活性的对羟基苯基乙酸修饰的聚乙烯亚胺（mPEI）接枝到纤维上，以在其表面构建 mPEI 的抗菌基质，并将银纳米粒子（Ag NPs）原位沉积到新建的mPEI 网络中，获得 Ag NPs@SFg-mPEI 丝织物。通过两步处理，该丝织品对金黄色葡萄球菌和大肠杆菌均表现良好的抗菌能力。两种细菌在接触 30min 内的抑菌率均达到 99.9%，即使洗涤 10 次，在接触 18h 内仍保持在 99.9%以上。此外，Zhang 等[56] 开发了一种通过溶菌酶自组装和二硫键重建在羊毛纤维表面形成功能涂层的方法，制备了无色的超亲水性抗菌织物。成品织物具有优异的抗菌性能，且经过 50 次洗涤后，仍然保持出色的抗菌率。它克服了常用仿生涂层的颜色问题，为其它天然或合成纤维的表面改性提供了新思路。

1.5　高分子抗菌材料的主要应用领域

1.5.1　医疗器械与医用产品

高分子抗菌材料以其独特的特性，成为降低医疗相关感染风险的重要工具，这些材料不仅具备传统高分子材料的优异性能，还融合了抗菌特性。通过将抗菌性能与材料工程相结合，应用于医疗器械表面，如导管、手术工具和植入物，可以有效阻止细菌、真菌和病毒的滋生和传播。对于医用产品，高分子抗菌材料不仅增加了产品的耐用性，还使其能在更为恶劣的环境中发挥作用。敷料和包扎材料的抗菌特性有助于预防创口感染，提高伤口康复效果。植入材料领域的创新，如使用抗菌材料制造人工关节，成为更安全和可靠的健康解决方案。此外，高分子抗菌材料在口腔医疗和眼科产品等方面也发挥着重要作用，有效地提升了医疗产品的抗菌性能，为患者的健康与安全提供了更多保障。

1.5.2　食品包装与处理

微生物污染会减少食品的货架寿命，并增加食源性疾病的风险。对易于加工、便于准备和即食的"新鲜"食品产品的需求，以及食品贸易的全球化和中心化加工的分销，对食品安全和质量构成了重大挑战。保护食品免受微生物生长影响的传统方法包括热处理、干冻、冷藏、辐照及添加抗微生物剂或盐。然而，一些技术无法应用于某些食品产品，如生肉和即食产品。抗菌高分子材料可应用于食品包装与处理，可以减少微生物滋生，保持卫生。其中，抗微生物包装是将抗微生物物质纳入包装材料，通过减少微生物生长速率和最大生长种群、延长滞后期或通过接触失活来控制污染。例如，壳聚糖已用作高分子涂层材料保护新鲜蔬菜和水果免受真菌降解。由于抗微生物聚合物在质量和安全性方面的潜力，它在食品中的应用引起了研究人员的兴趣，未来其在这个领域将会发挥重要作用。

1.5.3　纺织品领域

纺织品作为人们生活中不可或缺的一部分，不仅与皮肤直接接触，还常受到外界环境的污染。抗微生物处理正在迅速成为纺织品的标准加工。抗菌纺织品的研发源于对于细菌、真菌和病毒等微生物在纺织品上滋生和传播的担忧。传统纺织品往往是微生物滋生的温床，可能成为健康隐患。优秀的抗菌织物应具有特定的性能，包括多次洗涤后的稳定性和对水生态系统的低污染。高分子抗菌材料的引入，为纺织品注入了抗菌特性，有效降低了微生物的繁殖，提高了纺织品的卫生水平。在日常生活中，抗菌纺织品的应用已经变得无处不在，如抗菌床上用品、抗菌运动服装与抗菌儿童服装等。另外，抗菌敷料，通过纺织材料的抗菌特性，为伤口提供了更好的保护，减少了感染机会，加速创面愈合过程。此外，抗菌医疗纺织品如手术衣、床单、医用纱布等有效降低了医疗环境中细菌的传播和繁殖，减少了交叉感染的风险。综上所述，高分子抗菌材料在纺织品领域的应用不仅提高了纺织品的功能性，还为公共卫生和个人健康带来了积极影响。

第 2 章

有机-无机杂化体系高分子抗菌表面

2.1 引言

　　材料表面在生物环境中应用需要满足多种要求，如机械（硬度、应力、杨氏模量）、摩擦（耐磨性、黏附性）、化学（耐腐蚀性）要求等。尽管现有涂层已经具备了良好的抗菌性能，但在实际应用中力学性能较差；特别是在医用植入物中，许多涂层很容易遭到损坏，甚至发生脱落，从而致使材料的抗菌活性下降和丢失[57]。因此，抗菌表面的力学性能是一个值得关注的问题。此外，差的生物安全性和生物相容性也限制了大多数抗菌涂料的应用。

　　近些年来，基于有机-无机杂化体系的高分子材料已经在许多领域得到广泛研究[58-59]。大量实验结果表明，有机-无机杂化体系可以对涂层的硬度、耐腐蚀性、自清洁性以及亲疏水性等有所改善[60-63]。溶胶-凝胶法是制备有机-无机杂化材料常用的方法之一[64]。溶胶-凝胶技术应用于制备抗菌表面，是一种有效的将抗菌剂固定在材料表面上的方法，它可以采用无机溶胶前驱体或有机金属。溶胶-凝胶过程的一个独特特性是能够将分子前体转化为薄膜产物。将硅烷水解液前体和具有抗菌活性的物质组合，是一个很好的选择。由于它们的多功能性质，如机械性能和抗菌性质，抗菌性能对于控制周围环境的细菌很重要。同时，为解决细胞毒性问题，在此我们选择了龙脑衍生物作为一种抗菌单体，是由于龙脑具有许多生物医学类功能[65]。

综合以上分析，我们通过溶胶-凝胶法将正硅酸乙酯（TEOS）和含环氧官能团的 3-缩水甘油醚氧基丙基三甲氧基硅烷（KH560）共水解缩聚得到了杂化硅溶胶溶液。然后，将该杂化硅溶胶溶液引入抗菌涂料中以对涂层表面的机械性能进行改善。其中，KH560 是一种常用的硅烷偶联剂，常用于改善有机材料和无机材料之间的化学结合。KH560 中的甲氧基硅烷基团可以发生水解作用形成硅醇基团，硅醇基团随后发生脱水形成了—Si—O—Si—共价键，从而形成了无机网络结构，KH560 中的环氧基团也可以发生开环进行交联，以获得良好力学性能和抗菌性能的高分子抗菌涂层。

2.2　实验部分

2.2.1　龙脑基丙烯酸酯（BA）单体的制备

　　BA 单体的详细制备过程如图 2.1 所示，将单体 L-龙脑（1.00g，6.48mmol）溶于 20mL 无水四氢呋喃（THF），然后将三乙胺（TEA）（0.98g，9.72mmol）缓慢加入其中，置于圆底烧瓶（100mL）中混合均匀。然后，将丙烯酰氯（0.88g，9.72mmol）在冰浴下逐滴加到反应混合物中，滴加完成后，在室温下搅拌反应。反应过夜之后，过滤除去固体盐酸盐三乙胺，收集滤液并浓缩，然后用去离子水（20mL）洗涤混合物，并用二氯甲烷（3×20mL）进行萃取。将合并的有机相用无水硫酸钠干燥，过滤并浓缩。得到的粗产物通过硅胶柱色谱法进一步纯化，以石油醚∶乙酸乙酯＝4∶1（体积分数）作为展开剂溶液。浓缩之后得到 BA 的产率为 92％。

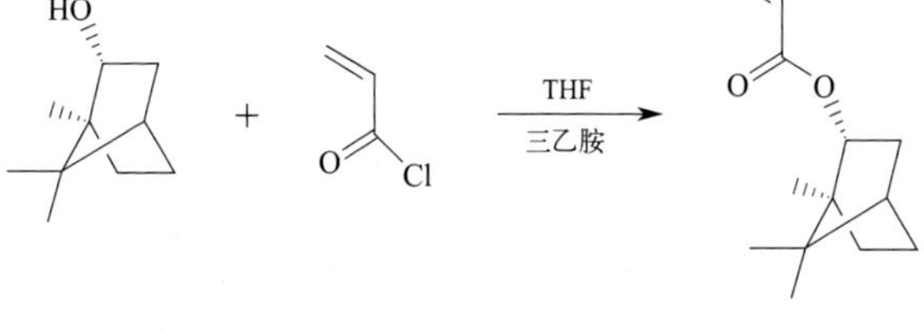

图 2.1　龙脑基丙烯酸酯（BA）单体的合成路线

2.2.2 聚合物 P（MMA-KH570）的制备

通过简单的自由基溶液聚合方法合成了聚合物 P（MMA-KH570），具体的合成路线如图 2.2 所示，将甲基丙烯酸甲酯（MMA）（8.90g，88.89mmol）和 3-（甲基丙烯酰氧）丙基三甲氧基硅烷（KH570）（2.76g，11.11mmol）溶于含有 100mL THF 的三口圆底烧瓶（250mL）中，搅拌均匀，持续通入氮气 30min 以除去体系内的氧气。然后将引发剂偶氮二异丁腈（AIBN）（0.16g，1mmol）加入上述体系，升温至 70℃ 回流反应 12h。待反应结束后，冷却至室温。将反应混合物逐滴加入石油醚中进行提纯，以去除未反应完的单体。然后，沉降、过滤、真空干燥，并将该提纯过程重复 3 次，得到白色粉末固体。为了简化阐述，我们将得到的聚合物 P（MMA-KH570）命名为 MKB-0。

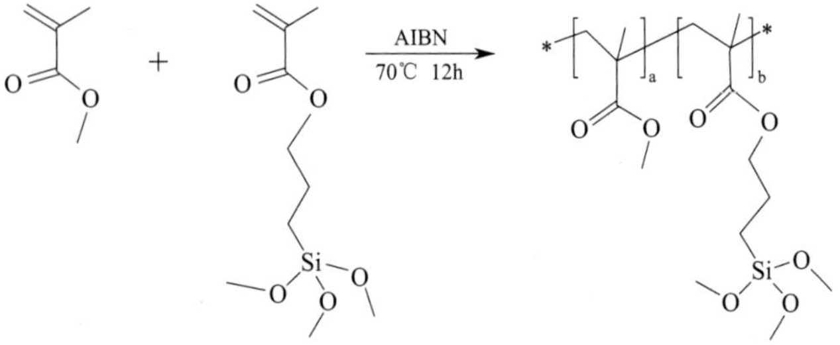

图 2.2 聚合物 P（MMA-KH570）的合成路线

2.2.3　聚合物 P (MMA-KH570-BA) 的制备

聚合物 P（MMA-KH570-BA)-2 的详细制备过程如下（图 2.3）：将 MMA（7.28g，72.7mmol）、KH570（2.26g，9.1mmol）和 BA（3.79g，18.2mmol）的混合物加入含有 100mLTHF 的三口圆底烧瓶（250mL）中。混合均匀后，在体系中连续通氮气 30min 以除去氧气。然后将引发剂 AIBN（0.16g，1mmol）加入混合溶液中，升温至 70℃回流反应 12h。待反应结束后，冷却至室温。将反应混合物逐滴加入石油醚溶剂中进行提纯。滴加完成后，进行沉降、过滤并真空干燥 5h。将该提纯操作重复 3 次，得到白色粉末固体。为了简化阐述，我们将得到的聚合物命名为 MKB-2。

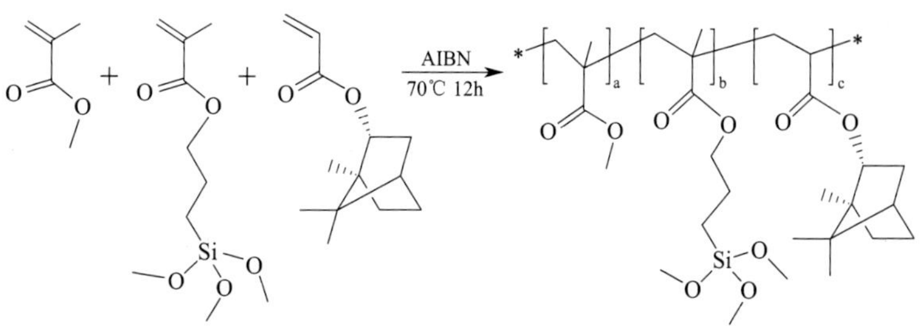

图 2.3　聚合物 P（MMA-KH570-BA）的合成路线

聚合物 P（MMA-KH570-BA)-4 的投料为：MMA（6.16g，61.5mmol）、KH570（1.91g，7.7mmol）和单体 BA（6.42g，30.8mmol）。反应与后处理过程与

MKB-2 相似，将得到的聚合物命名为 MKB-4。

聚合物 P（MMA-KH570-BA)-6 的投料为：MMA（5.34g，53.33mmol）、KH570（1.66g，6.67mmol）和单体 BA（8.33g，40mmol）。反应与后处理过程与 MKB-2 相同，将得到的聚合物命名为 MKB-6。

聚合物 P（MMA-KH570-BA)-8 的投料为：MMA（4.71g，47.06mmol）、KH570（1.46g，5.88mmol）以及单体 BA（9.80g，47.06mmol）。反应与后处理过程与 MKB-2 相同，将得到的聚合物命名为 MKB-8。

2.2.4　杂化硅溶胶溶液的制备

如图 2.4 所示，杂化硅溶胶溶液是在乙二醇单甲醚溶液中制备，具体过程如下：将 6.0g 正硅酸乙酯（TEOS）、0.3g 乙酸、1.0g 去离子水和 30mL 乙二醇单甲醚加入单口圆底烧瓶（100mL）中，常温下搅拌

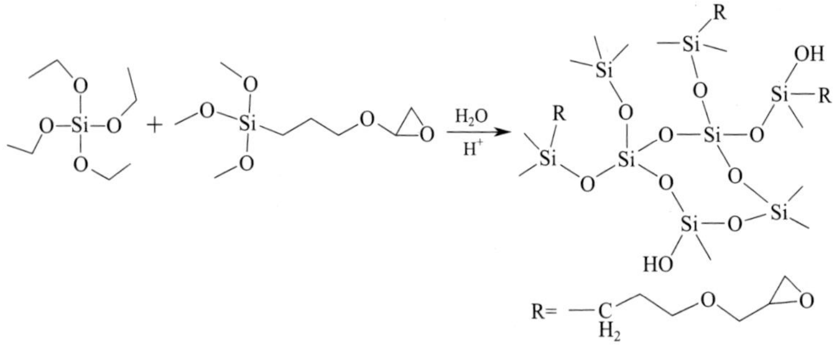

图 2.4　杂化硅溶胶溶液的制备过程图

30min 进行预水解。随后，将 3.0g 3-缩水甘油醚氧基丙基三甲氧基硅烷（KH560）加入上述混合溶液中，室温下搅拌 12h，得到杂化硅溶胶水解液，备用。

2.2.5　有机-无机杂化涂层的制备

由聚合物和杂化硅溶胶水解液组合获得有机-无机杂化抗菌涂层。详细过程：将 0.2g 共聚物（MKB-0、MKB-2、MKB-4、MKB-6 和 MKB-8）分别溶解在乙二醇单甲醚（1mL）中，并在室温下将其与硅溶胶以 4∶1 的质量比混合，通过超声处理以获得均匀溶液。将上述溶液利用旋涂方法涂覆在硅片和载玻片表面。使用的基材预先用食人鱼溶液 [98% H_2SO_4∶30% H_2O_2＝7∶3（体积分数）] 进行表面处理。然后将涂层在 70℃下前固化 1h，接着在 120℃下进一步后固化 2h。为了简化阐述，将得到的有机-无机杂化涂层分别命名为 HS-MKB-0、HS-MKB-2、HS-MKB-4、HS-MKB-6 和 HS-MKB-8。

2.2.6　杂化表面的机械性能表征

砂纸磨损测试[66]：对 HS-MKB-X 表面进行砂纸磨损实验。详细过程如下：样品置于砂纸上（砂纸编号：no.600），将涂层面朝向砂纸，样品上加质量为 100g 的砝码，然后进行前后平行移动 10cm。整个过程被认为是一个磨损循环。通过接触角测量装置测试每次磨损循环后的水相接触角大小。用于测试样品的水滴体积为 $6\mu L$，每个表面重复进行三次测量。

铅笔硬度测试[67]：采用标准方法（ASTM D3363）测量 HS-MKB-X 涂层的铅笔硬度。样品置于坚固的水平表面上，使用硬度为 6H～6B 的中华铅笔进行测试。将削尖的铅笔头与铅笔硬度测试仪以 45°角放置并触到表面。这个过程从硬度为 6H 的铅笔开始，并依次降低硬度范围，直到铅笔无法刮擦表面。

附着力测试[68]：使用 ASTM D3359 方法评估 HS-MKB-X 涂层对基底的附着力。在基底涂层上制作在每个方向上切割具有 11 道的格子图案，切痕间的距离为 1mm，并使用 3M 250 胶带应用在晶格上，使胶带应与涂层表面接触 45 秒，以便黏附到切口区域，然后以稳定的速度去除，并通过与样品损坏和图示进行比较来评估涂层的黏附性等级。

2.2.7 有机-无机杂化涂层的抗菌性能测试

这项测试中，选用大肠杆菌（革兰氏阴性菌）和变形链球菌（革兰氏阳性菌）为代表性细菌对涂层的抗菌效果进行评估。细菌的培养过程：将冷冻保存的大肠杆菌和变形链球菌复苏，分别接种在 LB 培养基和脑心浸液（BHI）琼脂培养基上于 37℃ 下培养 48h。通过生态学观察和生化实验鉴定确定分别为纯大肠杆菌和变形链球菌培养物后，细菌继续在琼脂培养基培养并传到第三代。然后分别从 LB 培养基和 BHI 琼脂培养基上收集大肠杆菌和变形链球菌的单个菌落，接种在 LB 和 BHI 液体培养基中于 37℃ 下培养 24h。并将菌悬液用无菌 PBS 缓冲液稀释至 1×10^7 CFU/mL，备用。

首先是光密度（OD）测试不同涂层分别对大肠杆菌和变形链球菌生长状况的影响，分别将样品 HS-MKB-0、HS-MKB-2、HS-MKB-4、HS-MKB-6 和 HS-MKB-8 与菌悬液在 6 孔板中于 37℃ 共培养 24h。然后将样品用 PBS 缓冲液轻轻冲洗，以去除非黏附的细菌，并将样品转移到含有新鲜无菌培养液的离心管中于 37℃ 培养。在不同的时间段内，将试件连同离心管超声处理以使样品表面的细菌完全脱落，并将其菌悬液转移至 96 孔板中，每组设置 7 个副孔，在波长为 600nm 下利用酶标仪测量 OD 值来监测附着在表面样品上细菌的生长。

平板菌落计数实验：样品分别与大肠杆菌和变形链球菌的菌悬液共培养后，用 PBS 缓冲液轻轻冲洗，然后通过超声处理，将附着在标本表面的细菌分散在无菌 PBS 缓冲液中。将溶液稀释至一定比例后，取 $100\mu L$ 并均匀地涂在 LB 和 BHI 琼脂板上，37℃ 下培养 24h，对细菌菌落进行计数。使用以下公式计算细菌的抑制率：$R(\%)=(B-A)/B\times100\%$，其中 R 是细菌的抑制率（％），A 是实验组的细菌菌落计数结果，B 是原始底物对照组的细菌菌落结果。每组进行三次测试。

2.2.8 杂化涂层的生物安全性表征

涂层的细胞相容性和生物安全性在其应用过程中起着非常重要的作用。在这里，利用 MTT 法和细胞的形态学观察涂层对正常 L929 成纤维细胞的体外细胞相容性。具体实验过程如下：

（1）细胞培养 来自小鼠的 L929 成纤维细胞从吉林大学口腔医院获得，并在添加有 10％胎牛血清（FBS）和 1％抗生素的 DMEM 培养基中于 95％空气和 5％二氧化碳的潮湿环境中在 37℃恒温培养。当细胞在培养基中覆盖约 80％时，对培养液进行更换。培养至第 5 代的细胞用于细胞体外毒性检测和形态学观察。

（2）涂层浸提液 分别将样品 HS-MKB-0、HS-MKB-2、HS-MKB-4、HS-MKB-6 和 HS-MKB-8 置于超净工作台内用紫外光线消毒，再置于六孔板中。根据 $6cm^2/mL$ 的浸提比例添加培养液 DMEM（含 10％胎牛血清和 1％抗生素）到其中，分别在 24h、48h 和 72h 收集浸提液，使用微滤器（$0.22\mu m$）过滤，备用。

（3）MTT 实验 使用步骤（1）中的细胞，稀释 6×10^3 倍后向 96 孔板中加入 $200\mu L$，每组设置 7 个平行副孔，在 5% CO_2 培养箱中 37℃培养 24h 使细胞贴壁。然后将实验组的原培养液分别更换为步骤（2）中不同时间段收集的材料浸提液，空白组则使用新鲜的 DMEM 培养液更换，继续培养 24h。添加 20μL MTT（5mg/mL）后，进一步培养 3h。然后，弃去原来的培养液，将二甲基亚砜溶液（150μL）加入 96 孔板中，轻轻振荡 15min。利用酶标仪测波长在 490nm 处 OD 值。

（4）细胞形态观察　使用步骤（1）中的细胞，将 L929 成纤维细胞稀释 6×10^3 倍后向六孔培养板中加入 400μL，每组设置 3 个平行副孔，于 5% CO_2 培养箱中 37℃培养 12h，确保细胞黏附在培养板上。然后将通过紫外照射灭菌后的 HS-MKB-0、HS-MKB-2、HS-MKB-4、HS-MKB-6、HS-MKB-8 样品分别转移到含有细胞的 6 孔培养板中，并确保涂层面朝向细胞，在 37℃下培养 24h。利用光学显微镜观察黏附到培养板上细胞的形态并拍照记录。

此外，还进行了涂层的体内安全性实验，选用 24 只大鼠（体重 130～150g），饲喂标准的食物和水。动物实验程序遵循相关法律并根据涉及动物的生物医学研究伦理审查方法的指导方针，经伦理委员会批准后开展。实验组使用步骤（2）中浸泡 72h 后收集的浸提液按 5mL/kg 的剂量进行灌注，而对照组则用无菌水灌注。每天对大鼠进行检查，每组灌注后观察 7 天。主要观察大鼠的

高分子抗菌材料：设计、合成和应用

临床症状，包括是否出现呼吸困难、腹泻、眼睑下垂等不良现象。7 天后将大鼠麻醉，用解剖刀获取主要器官，并用 4%福尔马林溶液固定。24h 后，将样品脱水，加工成石蜡，切片，用苏木精和伊红（H&E）对其进行染色，使用光学显微镜观察组织中的病理变化。

2.3　实验结果和讨论

2.3.1　单体 BA 的结构表征

　　通过核磁氢谱和红外光谱对 BA 的结构进行解析，氘代试剂为 DMSO 的 500Hz 核磁氢谱如图 2.5（a）所示，氢谱对应的特征峰和积分均在谱图中标注。6.35～6.31ppm、6.22～6.16ppm 以及 5.95～5.93ppm 处的质子峰分别为 1a 号位、2 号位和 1b 号位碳碳双键上氢的吸收峰，且三部分的积分均为 1，这与单体中双键上氢的数量一致；4.91～4.87ppm 处的质子峰为 3 号位次甲基上氢的吸收峰；此外，0.99～0.81ppm 为 8 和 9 号位甲基的氢吸收峰位置。经过比对，核磁氢谱上各特征峰的积分与目标单体分子中的氢数目一一相对应。如图 2.5（b）为 BA 的红外光谱图，其中，2954cm^{-1}～2880cm^{-1} 的红外吸收峰为 BA 上甲基和亚甲基的 C—H 伸缩振动峰；在约 1637cm^{-1} 处出现的特征峰为 BA 上双键的伸缩振动峰；在 1727cm^{-1} 处出现的特征

46

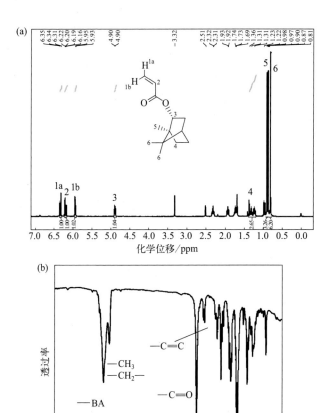

图 2.5　以 DMSO 为氘代试剂的 BA 单体核磁

氢谱图（a）；BA 单体的红外谱图（b）

峰为羰基的伸缩振动峰。结合核磁和红外谱图的分析结果说明成功合成单体 BA。

2.3.2　聚合物 MKB-0 的结构表征

通过核磁氢谱和红外光谱对聚合物 MKB-0 进行了

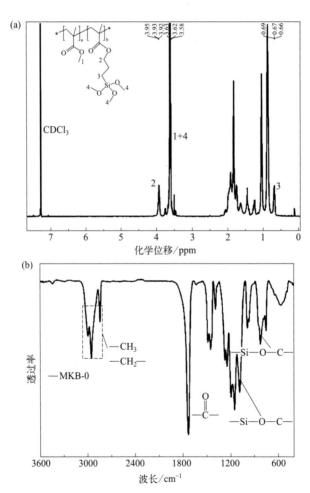

图 2.6　聚合物 MKB-0 的核磁氢谱图（a）；
聚合物 MKB-0 的红外光谱图（b）

表征。如图 2.6（a）为 MKB-0 的核磁氢谱图，其中，
0.66～0.69ppm 和 3.92～3.95ppm 处出现的质子峰分
别为 KH570 上 3 号位和 2 号位亚甲基氢的吸收峰；
3.51～3.64ppm 处出现的质子峰则为 MMA 和 KH570
上 1 号位和 4 号位甲基的氢的吸收峰。另外，以溴化钾
固体压片法测定 MKB-0 聚合物的红外光谱结果如图
2.6（b）所示。其中，从 2845cm^{-1} 到 2993cm^{-1} 的红
外特征吸收峰为聚合物 MKB-0 中甲基和亚甲基 C—H
的伸缩特征峰；在约 1730cm^{-1} 处出现的红外吸收峰为
聚合物 MKB-0 中羰基的伸缩振动峰；而在 820cm^{-1} 和
1085cm^{-1} 处出现的红外吸收峰则为—Si—O—C—的伸
缩振动峰。结合核磁和红外谱图的分析，说明我们已经
合成了聚合物 MKB-0。

2.3.3　聚合物 P（MMA-KH570-BA）的结构表征

如图 2.7(a) 核磁氢谱图对聚合物 MKB-2、MKB-4、
MKB-6 和 MKB-8 的结构进行解析，聚合物中特征峰的
归属均在图中标注。四种聚合物是由相同的单体聚合而
成，因此在核磁谱图和红外谱图中出现的特征吸收峰的
位置重合。4.72～4.83ppm 处出现的质子峰为 BA 上 5
号位次甲基氢的特征峰；0.66～0.68ppm 和 3.92～
3.99ppm 处出现的质子峰分别为 KH570 上 3 号位和 2
号位亚甲基氢的吸收峰；3.51～3.68ppm 处出现的质

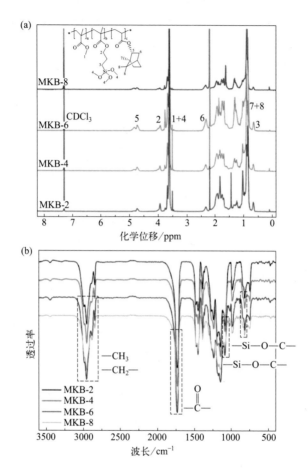

图 2.7　聚合物 P（MMA-KH570-BA）的核磁氢谱图（a）；
聚合物 P（MMA-KH570-BA）的红外光谱图（b）

子峰则为 MMA 和 KH570 上 1 号位和 4 号位甲基的氢
的吸收峰；而 2.33ppm 处的质子峰则为 BA 上 6 号位
亚甲基氢的特征峰。另外，以溴化钾固体压片法测定 P
（MMA-KH570-BA）聚合物的红外光谱结果如图 2.7

(b) 所示。其中，$2849 \sim 2989 cm^{-1}$ 的特征峰确定为聚合物中甲基和亚甲基 C—H 的伸缩特征峰；在约 $1734 cm^{-1}$ 处出现的红外吸收峰为聚合物中羰基的特征峰位置；而在 $822 cm^{-1}$ 和 $1087 cm^{-1}$ 处出现的红外峰则为—Si—O—C—的伸缩振动峰。结合核磁和红外谱图分析的结果说明成功合成了聚合物 MKB-2、MKB-4、MKB-6 和 MKB-8。

此外，利用 GPC 测定了聚合物的分子量（M_n）和多分散指数（PDI），聚合物的其它各项结果总结于表 2.1 中。

表 2.1　聚合物 P（MMA-KH570-BA）的各项性能

聚合物	组分/mol %		数均分子量[3]		T_g/℃[1]
	MMA：KH570：BA[1]	MMA：KH570：BA[2]	$M_n/10^4$	PDI	
MKB-0	8：1：-	9.7：1：-	4.30	1.52	103
MKB-2	8：1：2	11.5：1：3.6	2.05	1.53	92
MKB-4	8：1：4	12.1：1：4.7	2.48	1.73	88
MKB-6	8：1：6	9.8：1：6.7	2.13	1.51	89
MKB-8	8：1：8	10.1：1：9.0	1.56	1.59	81

①投料摩尔比；②实际计算的摩尔比；③由 GPC 测试结果获得；④由 DSC 测试结果获得。

2.3.4　有机-无机杂化涂层的表面性能

首先，使用差示扫描量热法（DSC）和热失重分析仪（TGA）对聚合物 MKB-X 和固化后 HS-MKB-X 的热性能进行分析。图 2.8 为聚合物 MKB-X 和固化后涂层 HS-MKB-X 的 TGA 测试曲线。由图中的曲线可以观察到，聚合物 MKB-X 和固化后涂层 HS-MKB-X 的 5%热分解温度均在 270℃以上，预示着聚合物 MKB-X 和固化后涂层 HS-MKB-X 具有较好的热稳定性，同时作为抗菌涂层在一些工艺制备过程中即使在基底处

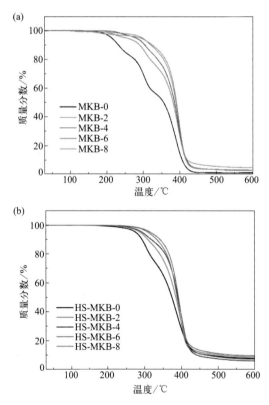

图 2.8　聚合物 MKB-X（a）和涂层 HS-MKB-X（b）的 TGA 曲线

理温度较高的情况下，该涂料仍然可以保持较好的性能。

　　另外，我们还通过 DSC 检测了交联前后聚合物 MKB-X 玻璃化转变温度（T_g）的变化。如图 2.9 所示，在交联反应之前，我们可以观察到在聚合物 MKB-X 的 DSC 曲线上有较明显的 T_g，各聚合物 T_g 的值列在表 2.1 中。而在交联后，聚合物分子间形成交联的网

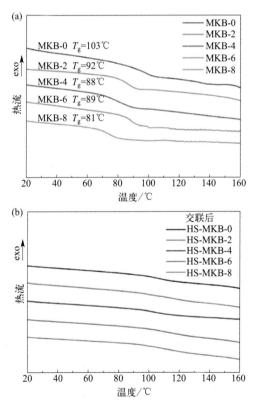

图 2.9　聚合物 MKB-X（a）和涂层 HS-MKB-X（b）的 DSC 曲线

状结构，从而限制了聚合物链段的热运动。因此在 HS-MKB-X 的 DSC 图中特征曲线的拐点消失不见，在相同的范围内没有明显的放热峰或吸热峰，这说明聚合物 MKB-X 已经完全进行了交联固化。

如图 2.10 所示，选择以聚合物 MKB-8 和涂层 HS-

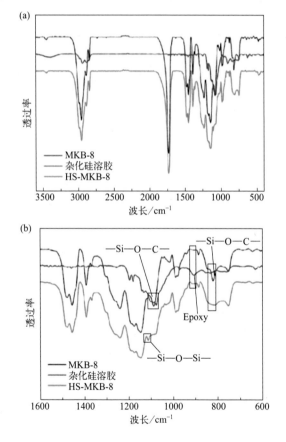

图 2.10　聚合物 MKB-8、杂化硅溶胶和 HS-MKB-8 的 FT-IR 光谱图（a）；光谱图为（a）在 1600～600cm^{-1} 的放大图（b）

MKB-8 为代表对交联前后它们的红外光谱图进行了分析。将聚合物 MKB-8、杂化硅溶胶和交联后的涂层 HS-MKB-8 的红外吸收峰作对比，可以在放大后的图 2.10（b）中发现：在涂层 HS-MKB-8 曲线中的环氧基团特征峰在 $910cm^{-1}$ 处消失，说明在该涂层体系中环氧基团参与了开环交联[69]。此外，与聚合物 MKB-8 曲线相比，在涂层 HS-MKB-8 曲线中 $823cm^{-1}$ 和 $1088cm^{-1}$ 处—Si—O—C—的特征峰消失，在 $1113cm^{-1}$ 处出现了—Si—O—Si—的特征峰[70]，综合上述对涂层 HS-MKB-8 的 DSC 曲线分析，表明涂层 HS-MKB-8 已完全发生了交联固化。

此外，我们将制备的 HS-MKB-8 涂层通过 AFM 表征对其表面形貌进行观察。如图 2.11（a）为 HS-MKB-8 的 AFM 图像，可以观察到涂层表面光滑且无针孔出现，表面粗糙度值约为 0.3nm。如图 2.11（b）所示的 SEM 表征进一步证明了 HS-MKB-8 表面形态非常光滑。另外，图 2.12 显示了涂层 HS-MKB-X 在玻璃片上的透射光谱，在 $400\sim800nm$ 的可见光波长范围内的透射率均高于 90%，表明涂层具有良好的透光性。

最后，利用水相接触角对 HS-MKB-X 表面亲疏性进行研究。从图 2.12 中可以看出，硅片表面的接触角为 $45°\pm1.7°$（$n=3$），HS-MKB-0 的接触角为

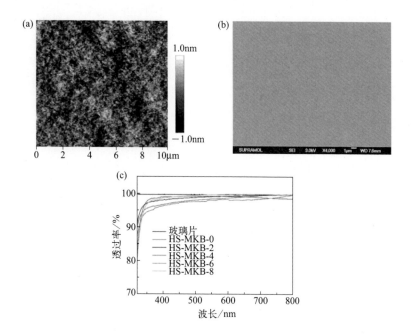

图 2.11　HS-MKB-8 涂层的 SEM（a）和 AFM 图（b）；玻璃片和
涂层 HS-MKB-X 的紫外近红外透光性图（c）

72°±1.5°，而随着 BA 链段含量增加，涂层接触角也
逐渐增大。HS-MKB-8 的水相接触角最大，为 101°±
1.2°。这种现象归因于聚合物 BA 段含量的增加[71]，
即 HS-MKB-X 水相接触角随体系中 BA 含量的增加而
增大。这也表明在制备的涂层中抗菌基团 BA 大部
分布在了涂层的外部，这为涂层发挥抗菌作用提供了
保障。

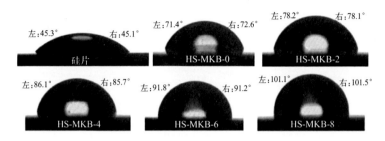

图 2.12　硅片和涂层 HS-MKB-X 的水相接触角

2.3.5　有机-无机杂化涂层的机械性能

　　大多数聚合物抗菌涂料由于其机械性能较差而限制了应用范围，因此，对涂层力学性能的研究对其应用具有重要意义。在这里，我们采用砂纸磨损实验研究涂层 HS-MKB-X 的机械性能。将不同的涂层经过 50 次磨损循环，每次循环后测量表面接触角的变化。从图 2.13（a）中可以看出，HS-MKB-8 涂层在经过 50 次磨损后水相接触角仍保持在 100°左右，表明复合涂层 HS-MKB-8 具有良好的抗磨损性能。另外，我们将其他涂层 HS-MKB-0、HS-MKB-2、HS-MKB-4 和 HS-MKB-6 的磨损实验结果汇总在图 2.13（b）中。所有杂化涂层经过磨蚀后水相接触角都在一个很小的范围内波动，没有太大起伏。这种杂化涂层表现出的耐磨性可以归因于交联网络结构中存在的—Si—O—Si—共价键。

　　此外，涂层的铅笔硬度和黏附力结果统计在表 2.2

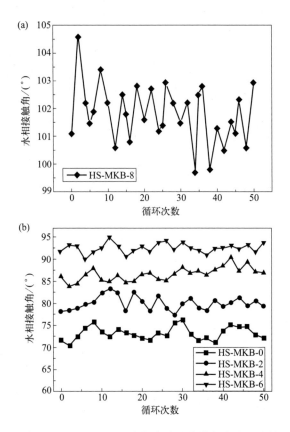

图 2.13　涂层 HS-MKB-8 砂纸磨损实验对水接触角的影响结果 （a）；
涂层 HS-MKB-X（$X=0$、2、4 和 6）砂纸磨损
实验对水接触角影响的结果 （b）

中。根据 ASTM D3363 标准，HS-MKB-X 涂层的力学
性能较好。HS-MKB-X 表面的黏附力可达 5B，横切图
案经过附着力测试后仍然保持干净整洁，说明涂层 HS-
MKB-X 与基材之间具有较强的附着力。由于制备的这

些涂层具有良好的坚固性，因此它们可以用在可能受到物理冲击的抗菌材料中。

表 2.2 涂层的机械性能

样品	铅笔硬度/H	黏附力/B
HS-MKB-0	5	5
HS-MKB-2	5	5
HS-MKB-4	5	5
HS-MKB-6	4	5
HS-MKB-8	4	5

2.3.6 有机-无机杂化涂层的抗菌性能

通过体外抑菌实验研究有机-无机杂化聚合物涂层 HS-MKB-X 对大肠杆菌和变形链球菌的抑菌活性。首先，利用 OD 值测量评估有机-无机杂化聚合物涂层 HS-MKB-X 对细菌生长状况的影响。如图 2.14 所示，分别显示了涂层与大肠杆菌和变形链球菌共培养后 OD 值测量的结果。在前 4 个小时大肠杆菌正处于适应阶段，生长停滞。在 6～12h 内大肠杆菌已适应新的培养环境，并进入了生长阶段。从图 2.14(a) 可以看出，在 6h 后，五个实验组的 OD 值从高到低的顺序依次为：HS-MKB-0、HS-MKB-2、HS-MKB-4、HS-MKB-6、HS-MKB-8。在培养 12h 后，大肠杆菌停留在稳定期，OD 值的大小基本保持稳定。此时，对照组和 HS-MKB-0

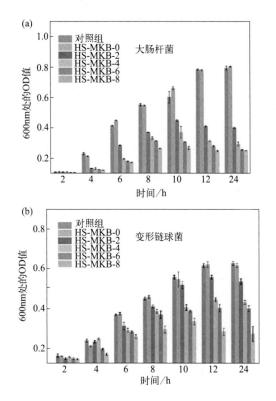

图 2.14 涂层 HS-MKB-X 与细菌共培养后的生长
状况（a）大肠杆菌（b）变形链球菌

的 OD 值较高，说明杂化硅溶胶对大肠杆菌的黏附没
有影响。相反，实验组 HS-MKB-8 涂层的 OD 值最
低，说明 HS-MKB-8 涂层对大肠杆菌的抑制生长效果
最好。随着 BA 加入量的增多，相应的 OD 数值就越
低，表明 BA 单体在抗菌活性中起着决定性作用。从
图 2.14（b）中可以看出，变形链球菌的生长也表现出

类似的趋势。所有 BA 改性涂料均能抑制细菌生长，并且随着 BA 单位的增加，对细菌生长的抑制作用效果增强，涂层对大肠杆菌和变形链球菌的生长抑制具有浓度依赖性。这些现象与涂层表面上龙脑的特殊立体化学结构有关[72]。即微生物与表面接触时，它们能够区分出表面不同的手性分子，从而表现出黏附性的差异[73-74]；龙脑的结构有 3 个手性中心，分别位于 C1、C2、C4，对抗菌黏附有很大帮助。龙脑的手性结构影响细菌在表面的黏附。因此，所使用的涂层可以抑制细菌生长。

同时，通过平板菌落计数法获得涂层对大肠杆菌和变形链球菌的抑菌率，如图 2.15 显示了先前暴露于不同涂层下的细菌菌落形成情况。HS-MKB-0 表面被大量细菌所覆盖，而 HS-MKB-8 涂层仅黏附了少量大肠杆菌和变形链球菌。与 HS-MKB-0 涂层相比，HS-MKB-8 对大肠杆菌的抑菌率为 94.3%，HS-MKB-8 对变形链球菌的抑菌率略低，为 80.6%。平板菌落计数结果进一步说明了涂层对细菌的抑制作用，细菌对 HS-MKB-0 的黏附力明显小于对 HS-MKB-8 的黏附力。结果表明，HS-MKB-8 具有良好的抗细菌黏附能力，并且可以更有效地抑制大肠杆菌的黏附，该结果与先前的研究一致[75]。

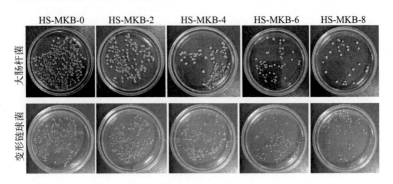

图 2.15　不同涂层 HS-MKB-X 与大肠杆菌和

变形链球菌共培养后涂板的结果

2.3.7　有机-无机杂化涂层的生物安全性

收集不同时间段的浸提液，将其与细胞共培养 24h
后通过 MTT 方法检测细胞的增殖。如图 2.16 所示，
经过 24h 培养后，HS-MKB-X 涂层的细胞相对生长率
均在 80% 以上，由细胞毒性分级标准可知，涂层的细
胞毒性较低。对于涂层 HS-MKB-8，不同时间段收集
的浸提液的细胞相对生长率之间没有太大差异，且符合
生物安全要求。另外，不同组别的涂层中，发现随着涂
层中含有的 BA 含量增多，对细胞相对增长率并不会产
生影响。

此外，将细胞与载玻片、HS-MKB-0、HS-MKB-
2、HS-MKB-4、HS-MKB-6 和 HS-MKB-8 样品共同接
触培养 24h 后，在光学显微镜下观察到 L929 成纤维细

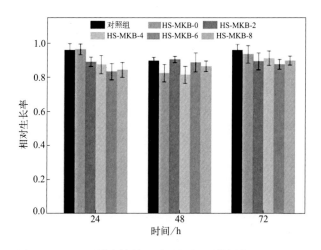

图 2.16 MTT 测试结果：对照组和不同涂层 HS-MKB-X

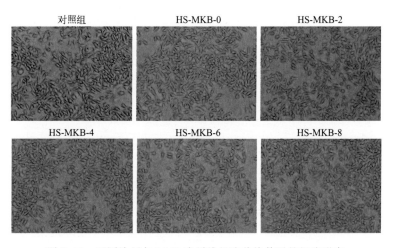

图 2.17 不同涂层与 L929 成纤维细胞共培养后的细胞形态

胞的形态变化如图 2.17 所示。L929 成纤维细胞处于良好的生长状态，并且细胞形态在对照组和实验组之间没有明显的差异。它们具有相似的细胞密度，细胞分布均匀，表明 HS-MKB-X 涂层对与表面接触的成纤维细胞没有细胞毒性。

最后，使用大鼠模型实验对 HS-MKB-X 涂层的体内毒性进行评估。我们选择 HS-MKB-8 涂层为代表，对照组和 HS-MKB-8 涂层组在大鼠生长期间，大鼠身体状况均良好，饮食正常，活动自如，无中毒和死亡现象出现。如图 2.18 所示，组织学观察结果显示，HS-MKB-8 组与对照组之间在心脏、肝脏、肾脏和脾脏上没有炎症和异常现象发生，并且没有坏死的病理现象发生，表明了该涂层在体内是安全的。

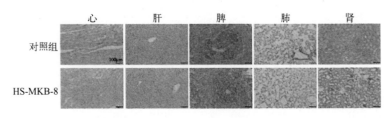

图 2.18　对照组和涂层 HS-MKB-8 在体内实验后的组织学观察结果

2.4　总结

设计并合成了不同龙脑基丙烯酸酯含量的聚合物，利用一种简易且通用的方法，简单地混合聚合物 P（MMA-KH570-BA）溶液和杂化硅溶胶溶液制备了抗菌涂层。通过共价键（—Si—O—C—键）和环氧基团的分别单独交联获得了具有良好力学性能的抗菌涂层。

抗菌涂层具有光滑的表面和良好的透明性、出色的机械耐久性和坚固性。HS-MKB-8 涂层具有良好的抗菌黏附性能，对大肠杆菌（革兰氏阴性）和变形链球菌（革兰氏阳性）的抑制率分别为 94.3％和 80.6％。最后，通过体外和体内实验评估，验证了 HS-MKB-8 涂层的生物相容性和生物安全性。这种简便制备具有良好机械性能涂层的策略在医学领域有许多潜在的应用价值。

第 3 章

抗菌防污高分子亲水表面

3.1 引言

　　预防与生物材料相关的细菌感染仍然是生物医学应用中的主要挑战。细菌黏附和随后的增殖通常是导致植入失败的初始步骤。为了解决这些问题，人们已针对抗菌材料的开发进行了大量努力[76-77]。这些抗菌材料中的许多是采用表面固定或者释放杀菌剂的方式进行灭菌，但是它们不具有抑制细菌在表面黏附的能力，这为后续的细菌黏附提供了机会。龙脑具有独特的手性特征和出色的抗菌黏附特性，是一种天然化合物和理想的抗菌材料[78]。它的抗菌机理主要是由于其手性立体化学结构影响了细菌的表面识别，从而阻止了细菌的黏附[79]。换句话说，细菌往往不倾向于附着在具有这种立体化学结构的表面上。近年来，已经有许多关于对龙脑和龙脑衍生物材料研究的报道。这些研究结果表明，基于龙脑的聚合物材料可以有效防止细菌黏附。但是，由于龙脑结构导致材料表面的疏水性不可避免地阻碍了它们在生物医学材料中的广泛应用。因此，开发基于龙脑或龙脑衍生物的亲水性材料非常有必要。

两性离子、聚乙二醇（PEG）和一些带电荷聚合物等通常可以用于材料的亲水性改性[80-82]，其中，两性离子聚合物凭借其优异的亲水性和防污的性质受到了广泛的关注[83-85]。生物材料的亲水性/疏水性不仅会影响蛋白质与材料表面之间的相互作用，还会影响患者在临床医学中的体验。许多研究表明，将两性离子与抗菌材料结合使用仍然可以有效地发挥它们各自的性能[86-87]。因此，将两性离子引入龙脑基高分子材料中是一种可行的策略。在第 2 章研究内容的基础上，我们结合两性离子化合物 MPC 和龙脑的优点，以获得具有防污和抗菌双功能的高分子亲水表面。

3.2 实验部分

3.2.1 单体 4-（甲基丙烯酰氧基）苯甲醛（FPMA）的制备

FPMA 的详细合成路线如图 3.1 所示[88]：将 4-羟基苯甲醛（6.00g，49.13mmol）和三乙胺（5.97g，

58.96mmol）加入含有 CH_2Cl_2（70mL）的单口圆底烧瓶（250mL）中。在冰浴下，向该反应混合物中逐滴滴加甲基丙烯酰氯（6.16g，58.96mmol），滴加完成后将其在室温下搅拌。反应 16h 后，将反应溶液过滤以除去固体盐酸盐三乙胺，收集滤液并分别使用 5% NaOH、水洗涤，并用二氯甲烷进行萃取。合并并有机相，用无水 Mg_2SO_4 干燥，过滤后进行浓缩。初步得到的粗产物利用硅胶柱色谱法进行进一步纯化，展开剂溶液的配比为乙酸乙酯：石油醚＝2：1（体积分数），浓缩干燥后得到了产物 FPMA，产率为 68%。以 $CDCl_3$ 为氘代试剂的核磁氢谱结果（500MHz，$CDCl_3$）：$\delta \approx 10.02$ppm（s，1H，—CHO）、7.94ppm（d，2H，PhH）、7.34ppm（d，2H，PhH）、6.40ppm（s，1H，＝CH_2）、5.83ppm（s，1H，＝CH_2）、2.09ppm（s，3H，—CH_3）。

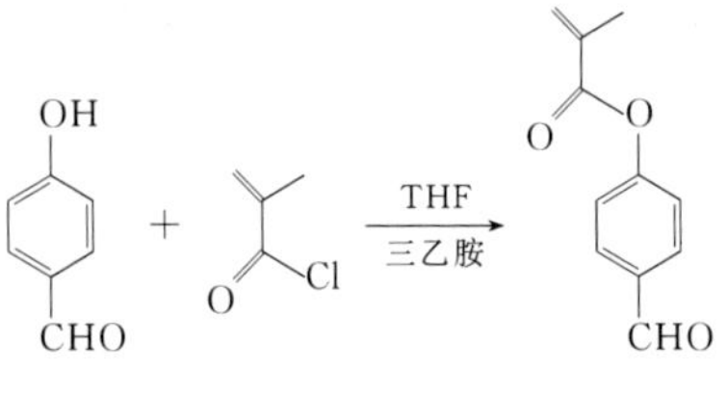

图 3.1　单体 FPMA 的合成路线

3.2.2　单体 4-氰基戊酸二硫代苯甲酸酯（CTP）的合成过程

根据之前的文献报道步骤合成了单体 4-氰基戊酸二

硫代苯甲酸酯（CTP）[89]。详细过程如下：将甲醇钠
（45g，250mmol，30%的甲醇溶液）、苄基氯（15.75g，
125mmol）和单质硫（8.0g，250mmol）置于含有无水
甲醇（62.5g）的圆底烧瓶中（250mL），将其回流反应
进行1h。反应结束后，冰浴下将体系冷却。过滤除去
沉淀盐，旋蒸除去溶剂，并用去离子水将残余物溶解。
将二硫代苯甲酸钠粗溶液用1.0mol/L HCl酸化，用乙
醚萃取。加入去离子水和1.0mol/L NaOH，将二硫代
苯甲酸钠转移至水相。然后将二硫代苯甲酸钠溶液
（87.5mL）和铁氰化钾（Ⅲ）（8.23g，25mmol）剧烈
搅拌下在去离子水（150mL）中混合，过滤并用去离子
水洗涤，直至洗涤物变成无色。再次过滤后在室温下真
空干燥，将粗产物在乙醇中重结晶，得到二(硫代苯甲
酰基)二硫化物。然后将上述得到的二(硫代苯甲酰基)
二硫化物（2.13g，7mmol）和4,4'-偶氮双(4-氰基戊
酸)（2.92g，11.5mmol）溶于40mL乙酸乙酯中，加
热至回流并反应过夜。真空下旋蒸除去乙酸乙酯，通过
硅胶柱色谱法进行纯化。展开剂溶剂配比为乙酸乙酯：
石油醚＝2：3（体积分数），合并馏分并用无水硫酸钠
干燥。过滤后旋蒸以除去溶剂，最后在乙酸：正己烷＝
2：3（体积分数）的混合溶液中重结晶，得到链转移单
体CTP。以$CDCl_3$为氘代试剂的核磁氢谱结果
（500MHz，$CDCl_3$）：$\delta \approx 1.95$ppm（s，3H，—CH_3）、

2.43～2.50ppm（m，2H，—CH$_2$—）、2.60～2.78ppm（m，2H，—CH$_2$—）、7.39～7.43ppm（m，2H，PhH）、7.56～7.60ppm（m，1H，PhH）、7.91～7.93ppm（m，2H，PhH）。

3.2.3 聚合物 P（MPC-FPMA-BA）的制备

首先是共聚物 P（MPC-FPMA）的制备，具体合成路线如图 3.2 所示。使用上述合成的 CTP 作为链转移剂、ACVA 为链引发剂，通过可逆加成-断裂链转移聚合（RAFT）反应合成共聚物。将 2-甲基丙烯酰氧乙基磷酰胆碱（MPC）（679.1mg，2.3mmol）和上述合成的单体 FPMA（38.0mg，0.2mmol）的混合物置于含有甲醇和 N,N-二甲基甲酰胺（DMF）混合溶剂的 50mL 聚合管中。然后加入 CTP（9.1mg，32.5μmol）和 ACVA（3.0mg，10.8μmol），在常温下通入氮气

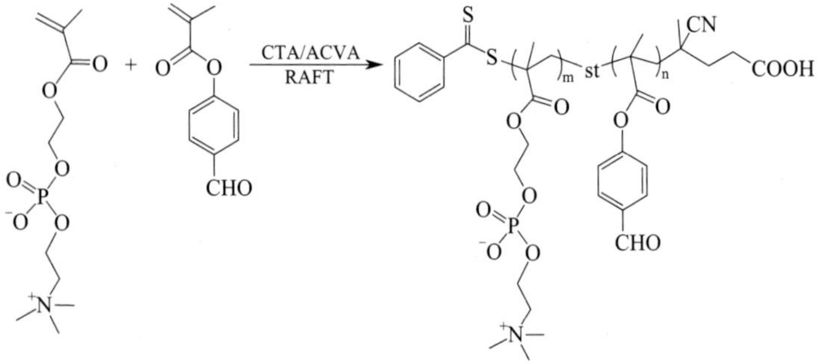

图 3.2　聚合物 P（MPC-FPMA）的合成路线

30min，以除去混合体系中存在的氧气，并将体系在70℃的油浴中聚合24h。结束后将反应在液氮中终止，使用去离子水透析2d进行纯化，并冷冻干燥。为了简化阐述，我们将得到的聚合物 P（MPC-FPMA）命名为 PMF。

聚合物 P（MPC-FPMA-BA）合成流程如图3.3所示，将 MPC（383.9mg，1.3mmol）、FPMA（38.0mg，0.2mmol）与丙烯酸异冰片酯（BA）（208.3mg，1.0mmol）置于含有甲醇和 DMF 混合溶剂的 50mL 聚合管中。然后加入 CTP（9.1mg，32.5μmol）和 ACVA（3.0mg，10.8μmol），常温下氮气脱气30min以除去混合体系内的氧气，并将聚合过程在70℃的油浴中进行24h。将反应在液氮中终止，用去离子水透析两天进行纯化，并冷冻干燥。为了简化阐述，我们将得到的聚合物 P（MPC-FPMA-BA）命名为 PMFB-40%。

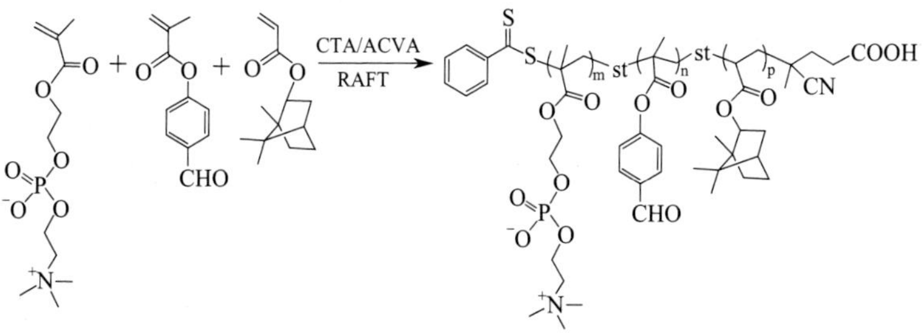

图3.3　聚合物 P（MPC-FPMA-BA）的合成路线

类似地，聚合物 P（FPMA-BA）的投料为：FPMA

（38.0mg，0.2mmol）和 BA （479.1mg，2.3mmol），
链转移剂 CTP （9.1mg，32.5μmol），引发剂 ACVA
（3.0mg，10.8μmol）。反应过程与 PMFB-40％相似，
将得到的聚合物命名为 PFB （图 3.4）。

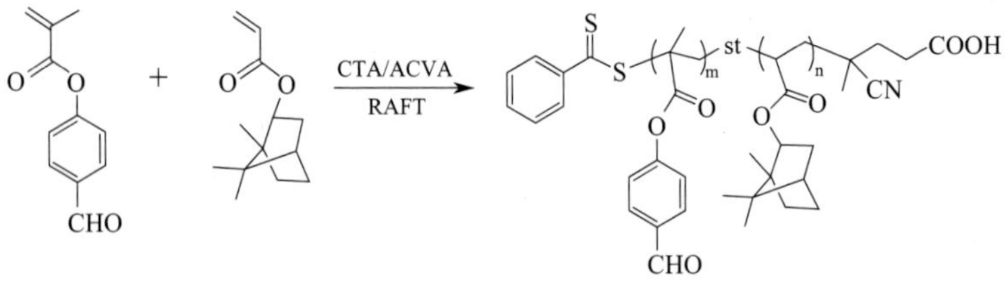

图 3.4　聚合物 PFB 的合成路线

3.2.4　聚合物涂层的制备

　　将得到的聚合物涂覆在硅片和玻璃基底上制备涂
层，首先制备氨基丙二腈对甲苯磺酸盐 AMN 涂层[90]。
如图 3.5 所示，详细的制备过程如下：将所有基底（硅
片和玻璃片）分别用乙醇和去离子水在超声下处理
10min，并用氮气干燥，备用。将氨基丙二腈对甲苯磺
酸盐 AMN （100mg）溶解于 5.0mL 磷酸盐缓冲盐水
（PBS，pH7.4）中，用 1mol/L NaOH 将溶液的 pH 调
至 8.5。然后用 PBS 将上述 AMN 溶液的浓度调整到
1mg/100mL，待用。在室温下，将处理的基底浸于
AMN 溶液中静置 24h。然后用去离子水冲洗几次，氮
气吹干，即可得到涂有 AMN 的基底并呈现浅棕色。将

不同比例的聚合物（150mg）分别溶解在 PBS（1mL）中，并将上述制备的 AMN 涂层基材浸没在该溶液中，室温下放置 12h。底物用 PBS 轻轻漂洗以除去未反应的聚合物，并干燥。为了简化阐述，将得到的相应涂层分别命名为 SA（涂有 AMN 的基材）、SA-PMF、SA-PMFB-40％和 SA-PFB。

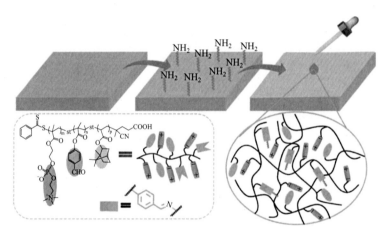

图 3.5　聚合物涂层制备示意图

3.2.5　涂层的防污性能表征

选择牛血清白蛋白（BSA）作为模型蛋白质对涂层的蛋白质吸附进行测试。使用二辛可宁酸（BCA）蛋白测定试剂盒评估该聚合物亲水涂层对 BSA 的吸附性。首先，将空白玻璃片、SA、SA-PMF、SA-PMFB-40％和 SA-PFB 分别浸于 2mg/mL BSA 中，并在 37℃下孵育

3h；然后用 PBS 溶液和去离子水轻轻冲洗几次，除去未吸收的蛋白质。接着将样品置于孔板中，并添加 1mL 2.0％（质量分数）的十二烷基硫酸钠溶液（SDS），轻轻摇动并超声处理 1h 以分离样品表面上吸收的蛋白质。然后加入等体积的蛋白质溶液和 BCA 试剂，每组设置 6 个副孔，将 96 孔板在 37℃下孵育 2h。用 TECAN Genios pro 酶标仪测量吸收蛋白质在 $\lambda = 570nm$ 时的吸光度值，并利用标准曲线计算不同样品蛋白质的吸收浓度。所有测试重复三遍。

3.2.6　聚合物涂层的抗菌性能表征

细菌的培养：选择革兰氏阴性大肠杆菌和革兰氏阳性金黄色葡萄球菌作为代表，对空白组和不同聚合物修饰后的基底抗黏附性进行表征。分别从 Luria Bertani (LB) 和胰蛋白酶大豆（TS）琼脂平板上收集大肠杆菌和金黄色葡萄球菌的单个菌落，接种在 25mL 液体 LB 培养基和 TS 培养基中进行培养。在 37℃接种 24h 后，将细菌用 PBS 缓冲溶液在 4000rpm 下离心 5min。上悬液倒掉后，将细菌重悬于 25mL 缓冲液中，该洗涤过程重复 3 次。收获的细菌悬浮于 PBS 溶液中，测量在波长为 670nm 处的光密度（OD）值。其中 OD 值为 0.1 时对应的细菌密度为 $8 \times 10^9 \, cells/mL$。将获得的细菌溶液稀释至 $8 \times 10^8 \, cells/mL$，备用。

将样品浸入上述准备的细菌溶液中，并在 37℃ 下摇床培养 3h。根据文献报道的测试方法，检测材料表面上细菌的初始黏附力，仅在静态条件下将样品在细菌溶液中孵育 30min 就足够了。但为了显示涂层的长期稳定性，我们选择了较长的时间和非静态的方式与细菌溶液相混合。首先，我们对所有涂层样品进行了 3h 的浸渍，弃去细菌溶液，用 PBS 轻洗涂膜基底以去除悬浮细菌细胞。使用 PBS 缓冲液是因为它有助于在细菌细胞的内部和外部之间维持恒定的 pH 值和平衡的渗透压。然后进行超声使样品表面黏附的细菌分散于 $100\mu L$ PBS 缓冲液中。随后，将细菌悬浮液稀释 100 倍，再吸取 $50\mu L$ 菌悬液，并将其在琼脂平板上均匀铺开继续培养 24h。计数并取平均值，获得附着在表面上的菌落数。对于 LIVE/DEAD 细菌染色的测定，则是将其培养后的样品用 PBS 冲洗后，室温下在黑暗中用稀释后的 $100\mu L$ LIVE/DEAD 染色剂在表面染色 15min，然后用 PBS 洗涤。样品用锡箔纸密封并在随机选择的位置观察，最后将图像记录在 Zeiss AxioVert 显微镜上。

3.2.7　聚合物涂层的细胞毒性表征

以 MRC-5 细胞（肺成纤维细胞）为实验细胞通过 MTT 法和活/死染色细胞的观察研究聚合物和涂有聚合物涂层的细胞毒性。首先是细胞的培养：将 MRC-5

细胞在含有 10％胎牛血清（FBS）和 1％抗生素（50 单位青霉素、$50\mu g$ 链霉素）的 DMEM 培养基中于 5％ CO_2 的潮湿环境中于 37℃培养 3～5d。当细胞在培养基中覆盖约为 80％时，对培养液进行更换，通过与 0.25％胰蛋白酶-EDTA 解离来传代细胞。传送至第 5 代时的细胞用来当作 MTT 测试细胞和活/死染色细胞的观察。

涂层浸提液的提取：细胞接种之前，将所有涂层样品于超净工作台在紫外线照射下进行灭菌处理。将样品置于孔板中，并根据 $6cm^2/mL$ 的浸提比例加入 DMEM 培养基，分别在 24h、48h 和 72h 收集提取液，备用。

聚合物与涂层的 MTT 实验过程：使用传代 5 次后的 MRC-5 细胞，将其以每副孔 5000 个细胞的密度与 $100\mu L$ DMEM 培养液混合接种在 96 孔板中，每组样品设置 7 个平行副孔，在 37℃下孵育 24h 使细胞在培养皿中贴壁。随后，将空白组和实验组培养液分别替换为 $100\mu L$ 新鲜 DMEM 培养基和含有不同浓度共聚物的 DMEM 培养基以及涂层浸提液，再继续培养 24h。加入 $20\mu L$ MTT（5mg/mL）后，将细胞继续温育 3h。除去培养液，并加入 $100\mu L$ 二甲基亚砜/异丙醇（体积比为 1∶1）混合溶液，通过 TECAN Genios pro 酶标仪测得 $\lambda=570nm$ 时的吸光度，并通过比较聚合物与对照或经/不经提取物处理的细胞的 OD 值来计算细胞活力百分比。

活/死染色细胞的观察：使用传代5次后的MRC-5细胞先在玻璃培养皿中培养24h使细胞贴附在培养皿中，将实验样品分别转移到玻璃培养皿中，并确保涂层面朝向细胞。在37℃下恒温培养24h，弃去培养液，并用LIVE/DEAD试剂对细胞进行染色，37℃下于黑暗中孵育15min。用CLSM 710 Meta共聚焦激光扫描显微镜（Carl Zeiss，Jena，Germany）观察细胞形态和增殖。

3.3　实验结果和讨论

3.3.1　单体FPMA的结构表征

通过酰化反应合成单体FPMA，并对其结构进行表征。氘代试剂为$CDCl_3$的500Hz核磁氢谱如图3.6(a)所示，在图中标出了单体特征峰对应的位置。10.02ppm处的质子峰为醛基d位上氢的特征峰；7.34~7.96ppm的质子峰则为FPMA单体上苯环c位的氢的吸收峰；6.39~6.40ppm和5.82~5.83ppm的质子峰为FPMA单体碳碳双键b位上的氢的特征峰；在2.09ppm处的吸收峰为a位甲基上的氢的特征峰。综合比对之后，核磁氢谱中各特征峰的积分与目标单体分子中氢的数目一致，说明我们已经得到了FPMA单体。

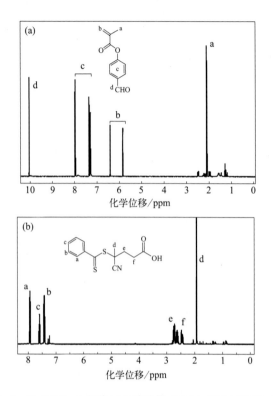

图 3.6　以 CDCl₃ 为氘代试剂的单体 FPMA 核磁氢谱图（a）；单体 CTP 的核磁氢谱图（b）

3.3.2　单体 CTP 的结构表征

如图 3.6(b) 所示为单体 CTP 的核磁氢谱图，在图中已经标注每个特征峰的位置和归属。其中，7.91～7.93ppm、7.56～7.60ppm 和 7.39～7.43ppm 出现的质子峰分别对应 CTP 上苯环 a 位、c 位和 b 的氢的特征

峰；2.60～2.78ppm 和 2.43～2.50ppm 的质子峰则为 f
位和 e 位上氢的吸收峰；而在 1.95ppm 处的质子峰则
对应为 d 位甲基上的氢的吸收峰。核磁氢谱上各特征峰
的积分与目标单体的氢的数目一致。综合比对之后，证
明我们成功合成了链转移单体 CTP。

3.3.3　聚合物 P（MPC-FPMA-BA）的结构表征

聚合物 PMF 通过 ^{1}H NMR 和 FT-IR 光谱来确认。
D_2O 为氘代试剂的核磁氢谱如图 3.7(a) 所示，在图中
已经标注每个特征峰的位置和归属。其中，在
9.95ppm 处出现的质子峰为 FPMA 上 g 位醛基上的氢
的特征峰；在 7.50～8.10ppm 间的质子峰则为 FPMA
上 f 位苯环上氢的吸收峰；3.66～4.28ppm 的质子峰为
MPC 上亚甲基上的氢的特征峰；3.17～3.23ppm 间的
峰则为 MPC 上 e 位三个相同甲基上氢的吸收峰。另外，
聚合物 PMF 的红外光谱图如图 3.7(b) 所示。其中，
2896～2958cm^{-1} 出现的红外特征峰是亚甲基和甲基的
C—H 伸缩振动峰；在 1720cm^{-1} 处出现的特征峰为羰
基的伸缩振动峰；而 1246cm^{-1} 和 1065cm^{-1} 处的红外
吸收峰则为 MPC 上碳氮键 C—N 和磷氧双键 P=O 特
征峰[91]。红外光谱图中的特征峰均对应共聚物中的特
征基团。综合以上 ^{1}H NMR 和 FT-IR 光谱图的分析结
果，证明合成了聚合物 PMF。

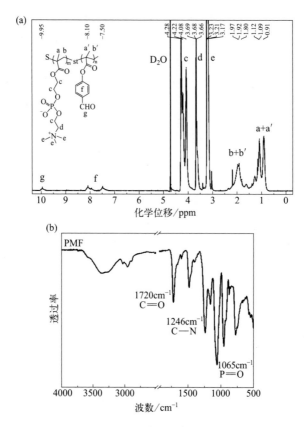

图 3.7　聚合物 PMF 的核磁氢谱图 （a） 和红外光谱图 （b）

　　同样，聚合物 PMFB-40％也通过^{1}H NMR 和 FT-IR
光谱确认。以 D_2O 为氘代试剂的核磁谱图如图 3.8（a）
所示，每个特征峰的位置和归属在图中已经标注。其
中，在 10.02ppm 处出现的质子峰对应为单体 FPMA
上 g 位醛基上的氢的吸收峰；7.42～8.10ppm 的质子
峰则对应了 FPMA 上 f 位苯环上氢的吸收峰；3.17～

3.21ppm 出现的质子峰为 MPC 上 e 位三个相同甲基上氢的吸收峰；而对于 BA 上氢的特征峰被 MPC 上的氢所掩盖，但 0.88～1.88ppm 的甲基和亚甲基上的氢的吸收峰包含了 BA 在内。另外，图 3.8(b) 为聚合物 PMFB-40％的 FT-IR 图。其中，2877～2953cm^{-1} 出现的红外特征峰是亚甲基和甲基的 C—H 伸缩振动峰；1723cm^{-1} 处出现的特征峰为羰基的伸缩振动峰；同时，还可以观察到 1240cm^{-1} 和 1066cm^{-1} 处出现了 MPC 上碳氮键 C—N 和磷氧双键 P═O 特征吸收峰位置。此外，与聚合物 PMF 相比，聚合物 PMFB-40％红外光谱图中的甲基和亚甲基的峰更强，红外光谱图中的特征峰均对应共聚物中的特征基团。综合以上 ^{1}H NMR 和 FT-IR 光谱图对聚合物的分析，说明成功地合成了聚合物 PMFB-40％。

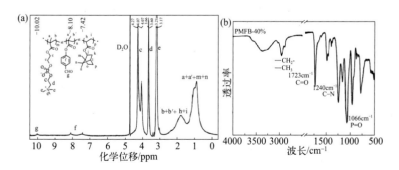

图 3.8　聚合物 PMFB-40％的核磁氢谱图（a）和红外光谱图（b）

同样，聚合物 PFB 也通过 ^{1}H NMR 和 FT-IR 光谱

进行确认。以 CDCl$_3$ 为氘代试剂的核磁氢谱图如图 3.9 (a) 所示，在核磁图中已经标注每个特征峰的位置和归属。在 10.02ppm 处出现的质子峰为单体 FPMA 上 g 位醛基上的氢的吸收峰；7.40～7.49ppm 间的质子峰则对应了 FPMA 上 f 位苯环上氢的吸收峰；在 4.66ppm 处出现的质子峰为 BA 单体 j 位上次甲基的氢的吸收峰；而 2.33ppm 处的质子峰的位置则对应了 BA 单体上 k 位亚甲基的氢。另外，用图 3.9(b) 的红外光谱图解析聚合物 PFB 的结构组成，2872～2949cm^{-1} 出现的峰是亚甲基和甲基的伸缩振动峰；1722cm^{-1} 处出现的特征峰为羰基的伸缩振动峰。而共聚物中 MPC 结构的特征峰消失，红外光谱图中的特征峰均对应共聚物中的特征基团。综合以上光谱图的分析结果，说明我们已经成功地得到了聚合物 PFB。

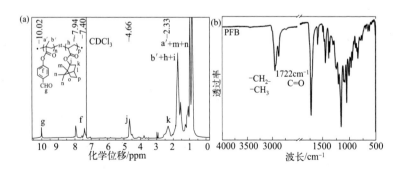

图 3.9　聚合物 PFB 的核磁氢谱图（a）和红外光谱图（b）

此外，利用 GPC 水相法测定了聚合物 PMF、

PMFB-40％和 PFB 的分子量（M_n）和多分散指数（PDI），聚合物的其它各项结果总结于表 3.1 中。

表 3.1　聚合物 P（MPC-FPMA-BA）的各项性能

| 聚合物 | 组分/mol ％ | | 分子量[③] | | T_g/℃[①] |
	MPC：FPMA：BA[①]	MPC：FPMA：BA[②]	$M_n/10^4$	PDI	
PMF	92.0：8.0：-	95.46：4.54：-	1.42	1.17	54.5
PMFB-40％	52.0：8.0：40.0	59.65：5.82：34.53	1.31	1.16	101.3
PFB	-：8.0：92.0	-：17.3：82.7	0.89	1.23	85.8

①投料摩尔比；②实际计算的摩尔比；③由 GPC 测试结果获得；④由 DSC 测试结果获得。

3.3.4　聚合物涂层的表面性质

亲水性/疏水性是影响生物材料的关键特性之一，也会影响蛋白质的吸附性能，在此通过测试静态水接触角来评估表面亲水性变化。如图 3.10 所示，原始玻璃片的水接触角大小为 48.7°±1.5°（$n=3$），通过聚合物 PMF 处理过后的涂层 SA-PMF 的水接触角为 10.2°±1.1°，显示出较高的亲水性。而通过聚合物 PFB 处理过后的涂层 SA-PFB 的接触角最高（94.1°±2.1°），显示出疏水性。与 SA-PFB 相比，通过聚合物 PMFB-40％处理过后的涂层 SA-PMFB-40％呈现较低的接触角，这表明通过调节共聚物中的 MPC 单体含量可以调控涂层表面的亲/疏水性。

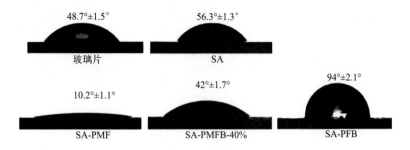

图 3.10　玻璃片、SA、SA-PMF、SA-PMFB-40％和
SA-PFB 的水相接触角结果

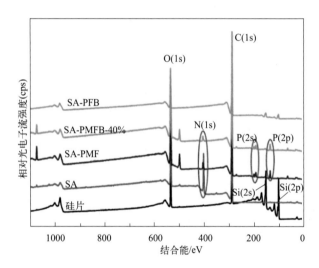

图 3.11　宽能量范围内 XPS 图谱：硅片、SA、
SA-PMF、SA-PMFB-40％和 SA-PFB

　　此外，如图 3.11 所示，我们对硅片、SA、SA-
PMF、SA-PMFB-40％和 SA-PFB 涂层进行 XPS 分析
以确定不同表面化学成分的变化。原始硅片表面显示出

很强的 Si 2s、Si 2p 和 C 1s 以及 O 1s 峰。与原始硅片相比，Si 2s 和 2p 的光电子峰的完全抑制同时氮信号（N 1s）的出现验证了 SA 涂层的形成。对于涂层 SA-PMF 和 SA-PMFB-40％ 表面，分别在 402.6eV 和 190eV（2s）、133.5eV（2p）处出现了 N 和 P 信号峰；并且没有发现硅元素的信号峰，这归因于共聚物中的 MPC 单元，且证实了聚合物被涂覆在 SA 表面上。

如图 3.12 所示为聚合物 PMFB-40％涂层表面的高分辨谱图。其中，C 1s 峰可进一步分为三个峰，相应地，峰 285.2eV 是 C—H、C—C 和 C＝C 组的碳原子，286.5eV 是 C—N 中的碳特征峰，289.0eV 则对应 C＝O 和 O—C＝O[92]。SA-PMFB-40％ 的 O 1s 光谱在 530.5eV、531.9eV、532.8eV 和 533.8eV 处显示有四个峰，分别属于 C＝O/P＝O、P—O、O—C＝O 和 O—C＝O 基团[93]。N 1s 光谱显示了两种不同类型的氮原子：—N（CH$_3$）$^{3+}$（402.6eV）和 C＝N—C（399.6eV）[94]。此外，SA-PMFB-40％ 在 133.5eV 处的 2p 特征峰属于-（PO$_4$）-。综合图 3.11 和图 3.12 的 XPS 分析结果说明了样品表面的差异，也证明聚合物成功引入 SA 表面。

如图 3.13 所示，通过原子力显微镜（AFM）观察了玻璃片、SA、SA-PMF、SA-PMFB-40％ 和 SA-PFB 涂层的表面形貌变化。原始的基材相对平坦，

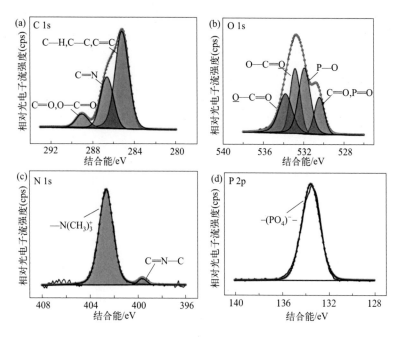

图 3.12　涂层 SA-PMFB-40%的高分辨图谱：碳峰（C 1s）（a）、
氧峰（O 1s）（b）、氮峰（N 1s）（c）和磷峰（P 2p）（d）

RMS 粗糙度约为 1.25nm，而与玻璃片相比，SA 表面变得粗糙，RMS 粗糙度约为 17.6nm，这是因为 AMN 涂层形成了表面微晶，使表面形态更加粗糙[95]。将共聚物引入 SA 表面后，所有涂层的表面粗糙度均发生显著变化，显示出较低的粗糙度值，这也表明共聚物通过希夫碱反应已成功沉积到 SA 表面。对于 SA-PMFB-40%涂层来说，其表面均匀，且 RMS 粗糙度仅为 0.49nm。

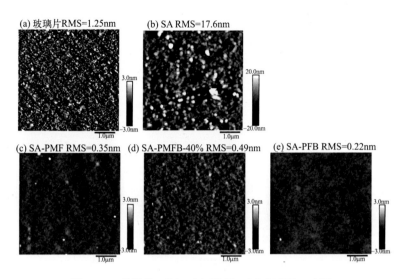

图 3.13　玻璃片、SA、SA-PMF、SA-PMFB-40％和

SA-PFB 表面的 AFM 图像

3.3.5　聚合物涂层的抗菌防污性能

非特异性蛋白质吸附通常为细菌在医疗器械表面的黏附和感染提供了机会，因此蛋白质吸附被认为是生物防污材料中最重要的因素之一。两性离子化合物可以大大减少非特异性蛋白质在材料表面的吸附。用 BSA 作为模型蛋白质评估表面对蛋白质的吸附能力。如图3.14 所示，在所有实验样品中，SA 涂层显示出最高的吸附值，这是由于 SA 表面微晶的形成使其表面粗糙度增加。与 SA 相比，SA-PMF 的 BSA 吸附值显著下降，这与 SA-PMF 表面上 MPC 的存在有关。此外，SA-

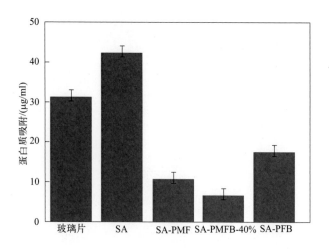

图 3.14　玻璃片、SA、SA-PMF、SA-PMFB-40％和
SA-PFB 表面的体外蛋白质吸附结果

PMFB-40％的吸附值与 SA-PMF 相比变化不大，但
SA-PFB 的吸附量明显小于玻璃片，这说明表面上龙脑
的存在也有助于抵抗蛋白质吸附。因此，对于 SA-
PMFB-40％表面而言，吸附蛋白减少归因于 MPC 和龙
脑共同作用的结果。

　　大多数与医疗器械相关的感染是由细菌黏附引起
的，因此抑制细菌在表面上的初始附着是预防感染的关
键步骤。采用菌落计数法和荧光活/死菌落法评估了亲
水性涂层对大肠杆菌和金黄色葡萄球菌的抗菌附着性
能。分别将不同的涂层与菌悬液共培养后进行涂布，如
图 3.15(a) 和 （b） 显示了不同表面的细菌稀释和重新
培养在琼脂板上的结果。当 SA 涂层与细菌悬浮液接触

时，由于表面粗糙度较大，细菌很容易附着在表面上。相比之下，SA-PMF 和 SA-PFB 表面显示较少的细菌菌落，这说明涂层表面存在的两性离子 MPC 和龙脑分别可以通过表面水合作用和表面立体化学作用对大肠杆菌和金黄色葡萄球菌的附着产生影响。此外，随着 MPC 和 BA 含量的降低，SA-PMFB-40％涂层表面仍然显示出少的细菌黏附菌落，证实了这是 MPC 和龙脑共同作用的结果。图 3.15(c) 和 (d) 量化了大肠杆菌和金黄

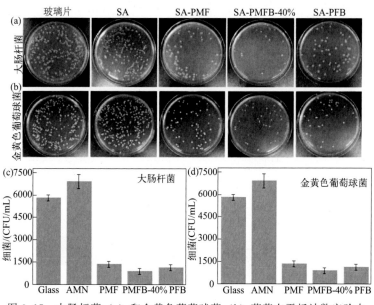

图 3.15　大肠杆菌（a）和金黄色葡萄球菌（b）菌落在平板计数实验中
使用不同涂层（玻璃片、SA、SA-PMF、SA-PMFB-40％和
SA-PFB）共培养后的图像；（c）和（d）分别是
大肠杆菌和金黄色葡萄球菌的统计数据

色葡萄球菌在不同表面的附着数量，更加直观和清楚地说明了该聚合物亲水涂层SA-PMFB-40％具有优异的抗菌附着能力。

通过荧光活/死细菌染色实验进一步检测了黏附在表面上的大肠杆菌和金黄色葡萄球菌。结果如图3.16所示，与对照组玻璃片相比，SA表面分别被大量的大肠杆菌和金黄色葡萄球菌覆盖，这与细菌计数法的结果一致。相比之下，SA-PMFB-40％表面上的细菌黏附量显著减少，并且在SA-PMF、SA-PMFB-40％和SA-PFB的表面上未观察到死亡细菌。这些结果表明，涂层存在的MPC和龙脑部分不是将表面的大肠杆菌和金黄色葡萄球菌杀死，而是分别利用了超水化和特殊的立体化学结构来抑制细菌在表面附着。MPC通过细菌和表面之间的直接接触来增强龙脑部分的抗菌作用，从而减少蛋白质的吸附；反过来，龙脑部分则减少了细菌在表面上的积聚，这将有助于使更多的MPC抑制蛋白质

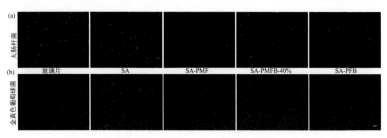

图3.16　大肠杆菌（a）和金黄色葡萄球菌（b）附着
在不同表面上活死细菌染色结果（比例尺：50μm）

吸附。因此，对于 SA-PMFB-40％亲水性涂层，它能够更有效地抑制细菌附着。

3.3.6　聚合物涂层的生物相容性

聚合物的结构和官能团的比例对细胞的生存能力有很大的影响。因此，在对生物材料进行应用之前，必须对共聚物和涂层的生物相容性进行评估。在这项研究中采用 MTT 法测定了不同浓度聚合物以及涂层的细胞活力。将 MRC-5 细胞分别置于浓度为 $0.05\sim2.0\mathrm{mg/mL}$ 的聚合物溶液中，每个浓度设置 5 个平行实验，在 37℃下恒温培养 24h。如图 3.17(a) 所示，聚合物在每个浓度下均具有良好的生物相容性，并且在 $2.0\mathrm{mg/mL}$ 浓度下细胞存活率仍然在 80％以上。此外，如图 3.17

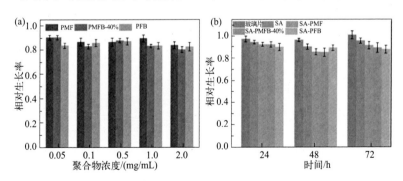

图 3.17　不同浓度下聚合物与细胞共孵育 24h 后的细胞毒性（a）；将涂层分别浸入 24h、48h 和 72h 后，然后将提取液与 MRC-5 细胞共孵育 24h 后的细胞毒性（b） （b）所示，对于涂层而言，与对照组的玻璃片相比，SA-PMFB-40％涂层浸入72h后也显示出86％以上的细胞活力，表明涂层对MRC-5细胞没有明显的细胞毒性。如图3.18所示的活/死细胞染色结果验证了这一结论，我们可以发现，对照组玻璃片与SA-PMFB-40％涂层之间的细胞生长和增殖无显著的差异，没有在表面发现死亡的细胞。这个研究结果为涂层在生物材料中的潜在应用提供了安全保证。

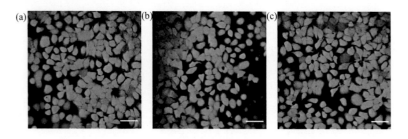

图3.18　MRC-5细胞的活/死荧光染色结果：对照组（a）、

SA（b）、SA- PMFB-40％（c）

（比例尺：100μm）

3.4　总结

我们首先制备了单体FPMA，将其与MPC和BA通过可逆加成-断裂链转移聚合（RAFT）聚合得到不同比例的聚合物。然后在基材表面先形成一层AMN涂层，并将聚合物进行溶液加工并通过希夫碱反应将其引入基材表面。通过 XPS 验证了表面聚合物层的形成，通过静态水相接触角确定了聚合物涂层的亲疏水性；同时利用 AFM 表征了聚合物涂层的表面粗糙度。另外，BSA 吸附实验结果证明了涂层表面两性离子 MPC 与天然龙脑的结合不仅使材料表面具有亲水性，还分别依靠超水合作用和特殊的立体化学结构增强了涂层对蛋白质的抗生物结垢性能。此外，SA-PMFB-40％亲水涂层可以有效地抑制大肠杆菌和金黄色葡萄球菌在表面的附着。MTT 和活/死细胞染色测试结果表明，SA-PMFB-40％涂层对肺成纤维细胞（MRC-5）具有良好的生物相容性。该研究结果为基于天然龙脑/龙脑衍生物制备亲水性抗菌材料提供了一种简单、有效的方法，在生物医学领域具有潜在的应用前景，例如用于牙科材料。

第 4 章

生物启发含龙脑-糖基
聚合物抗菌黏附表面

4.1 引言

细菌感染仍然是现代医疗保健中一个严重的健康问题[96]。医疗器械表面的细菌定植和增殖可能导致器械失效甚至对患者构成威胁。预防细菌感染的常见策略是在医疗器械表面构建抗菌涂层[97-98]。抗生素可以在表面迅速且有效地杀灭细菌，但抗生素的滥用加剧了全球抗微生物耐药性的出现与传播[99-100]。近年来，基于各种类型的抗菌剂构建抗菌表面，如抗菌肽、金属离子/颗粒和季铵盐化合物等[101-103]。虽然这些材料具有抗菌性能，但抗菌剂的高成本和细胞毒性不容忽视。因此，仍然需要开发具有良好生物相容性的抗菌表面。

糖基聚合物在高分子材料的发展中取得了显著进

展，在许多应用中显示出独特的性能[104-106]。例如，固定在表面上的糖基聚合物可以很大程度上改变表面的物理和化学性质，提高表面的生物相容性和特异性吸附性能[107-108]。此外，糖基聚合物表面在抗反射涂层、自清洁和抗雾化表面、生物传感和药物靶向等方面具有广泛的应用前景[109-110]。因此，越来越多的研究已经利用糖基聚合物进行涂层的研究。例如，Chen 团队制备了一种含有季铵盐基聚（N-异丙基丙烯酰胺）（QAS-PNI-PAM）微凝胶的磺化-糖基聚合物改性抗菌涂层，并证明糖基聚合物提高了膜的生物相容性而不影响其抗菌性能[111]。Feng 等制备了一种含多巴胺糖基聚合物的防雾抗菌涂层，利用糖基聚合物的亲水性赋予了涂层防污性能[109]。龙脑是一种具有特殊立体化学结构的天然化合物，具有良好的抗菌黏附性能。研究表明，龙脑基聚合物可以有效地防止细菌黏附。因此，将糖共聚物与龙脑基聚合物结合开发具有生物相容性的糖基聚合物抗菌表面是一种可行的策略。

与制备其他涂层类似，糖基化表面可以通过物理或化学方法将合成的糖基聚合物固定在基材上。本研究中，我们首先使用偶联剂 3-氨基丙基三乙氧基硅烷（APTES）通过硅烷化反应修饰基底，随后将氨基丙基硅烷层作为偶联层，聚合物（LAEMA-co-GMA-co-BA）通过共价键附着，形成抗菌糖基化表面。

4.2 实验部分

4.2.1 聚合物 (LAEMA-co-GMA-co-BA) 的合成

聚合物的详细合成路线如图 4.1 所示。以 4,4′-偶氮（4-氰基戊酸）（ACVA）为引发剂，通过自由基溶液聚合法制备了不同比例的聚合物。以聚合物（LAEMA-co-GMA-co-BA）的合成过程为例，将 2-乳糖酰胺基乙基甲基丙烯酰胺（LAEMA）（281.1mg，0.6mmol）、甲基丙烯酸甘油酯（GMA）（56.9mg，0.4mmol）、丙烯酸异冰片酯（BA）（187.5mg，0.9mmol）和 ACVA（1.6mg，5.7μmol）置于 50mL 聚合管中，并向其中加入水和二甲基亚砜（DMSO）的混合溶液。将上述混合体系用氮气鼓泡 30min，然后在 70℃ 油浴中聚合 12h。产物用水透析 2d 后冷冻干燥，得到聚合物（LAEMA-co-GMA-co-BA)-2（命名为 PLGB-2）。

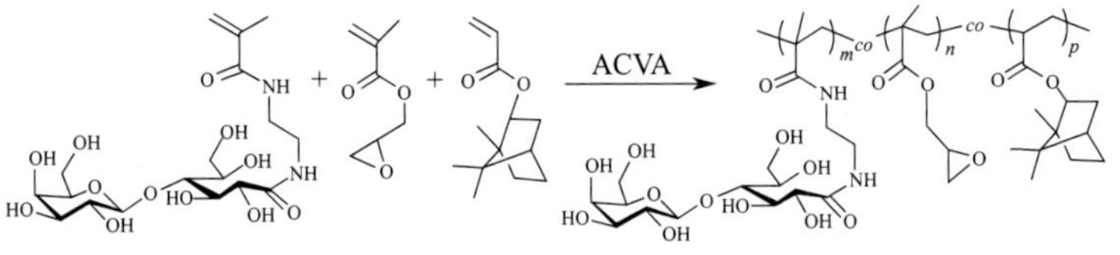

图 4.1 聚合物 PLGB-2 的合成路线

用上述方法合成了不同摩尔比的聚合物 LAEMA-co-GMA（PLG）、聚合物 LAEMA-co-GMA-co-BA-1

（PLGB-1）和聚合物 GMA-*co*-BA（PGB）。其中，单体的投料比分别为：LAEMA：GMA：BA＝6：4：0、6：4：3、0：4：6。

4.2.2　聚合物抗菌黏附表面的制备

基材的清洗和硅烷化处理参考文献方法[112]，首先将硅片和载玻片分别在丙酮、乙醇和水中超声清洗 10min。干燥后，将底物浸入食人鱼溶液中 30min，然后用去离子水彻底清洗，并在氮气下干燥。将清洗后的基材置于 2%（体积分数）偶联剂 3-氨基丙基三乙氧基硅烷（APTES）无水甲苯溶液中 2h，然后，用无水甲苯冲洗 3 次以去除多余的 APTES，并在真空中干燥，得到 APTES 功能化表面（图 4.2）。分别将处理后的基材命名为 APT-Si、APT-Glass。在室温下，将聚合物 PLG、PLGB-1、PLGB-2 和 PGB 溶液滴在硅烷化处理后的表面上，并于 120℃ 干燥。得到的表面分别命名为

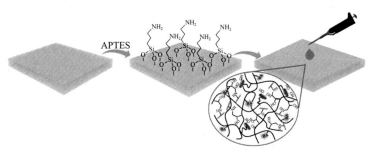

图 4.2　抗菌糖基化表面形成过程示意图

APT-PLG、APT-PLGB-1、APT-PLGB-2 和 APT-PGB。

4.2.3 表面的抗菌活性与细胞毒性

根据我们的前期工作，评估涂层对大肠杆菌
（ATCC 25922，USA）和金黄色葡萄球菌（ATCC
25923，USA）的抗菌活性。样品经过紫外光灭菌
30min 后，与菌悬液在 37℃ 下孵育，然后进行平板菌
落计数和活/死染色试验，测试其抗菌黏附性能，实验
步骤的详细细节见第 2 章。

选择 MRC-5 细胞（人胚胎肺成纤维细胞），一个
正常的细胞系，对不同的涂层通过 MTT 试验进行细胞
毒性评估。所有样品消毒后单独置于 24 孔板中，加入
1mL DMEM 培养基，37℃分别孵育 24h、48h、72h 以
制备浸提液备用。将 MRC-5 细胞接种于 96 孔板中，每
孔 5×10^3 个细胞，在 37℃（5%CO_2）培养箱中培养
24h，然后用含有提取物的 $100\mu L$ DMEM 细胞培养基
替换，再培养 24h。在 96 孔板每孔加入 $20\mu L$ MTT 溶
液（5mg/mL）。孵育 3h 后，去除培养基，并加入
$100\mu L$ 二甲基亚砜/异丙醇（1∶1，体积比）混合溶液。
用 TECAN Genios pro 微孔板仪测定在波长 570nm 下
的 OD 值，通过加/不加提取物处理细胞 OD 值的对比
计算其细胞活力。

4.3　实验结果和讨论

4.3.1　聚合物 P（LAEMA-co-GMA-co-BA）的表征

通过 ^{1}H NMR 和 FT-IR 光谱对聚合物 P（LAE-MA-*co*-GMA-*co*-BA）的结构进行表征。不同比例聚合物的红外光谱图如图 4.3(a) 所示。其中，在 3360cm^{-1} 处的特征红外吸收峰是聚合物 LAEMA 链段的—OH 和 NH 的伸缩振动峰；在 1721cm^{-1} 处出现的特征吸收峰属于 C═O 的伸缩振动峰；1645～1533cm^{-1} 出现的红外特征吸收峰是 LAEMA 链段中—NH—C═O 的伸缩振动峰和—NH—C═O 的弯曲振动峰[113]。此外，GMA 链段环氧基的特征吸收峰出现在 912cm^{-1} 附近[114]。红外光谱图中的特征峰均对应聚合物中的特征基团。另外，DMSO 为氘代试剂的聚合物 PLGB-2 核磁氢谱如图 4.3(b) 所示，图中已经标注每个特征峰的位置和归属。其中，4.46～4.26ppm 间的峰为 LAEMA 链段上氢的吸收峰；2.77～2.62ppm 出现的质子峰则为 GMA 链段上 20 号位亚甲基的吸收峰；而 1.51～0.78ppm 的质子峰为 BA 链段上氢的特征峰。进一步通过特征峰的积分计算聚合物中单体的摩尔比，测定 PLGB-2 的 BA 含量约为 38.3%。

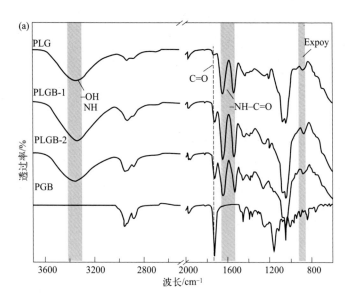

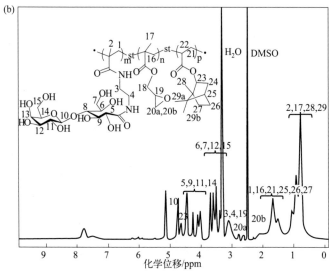

图 4.3 聚合物 P（LAEMA-*co*-GMA-*co*-BA）的 FT-IR 光谱（a）和

PLGB-2 的 ^{1}H NMR（b）

结合以上 FT-IR 和 ^{1}H NMR 光谱图的分析结果，证明合成了聚合物 PLGB-2。

此外，聚合物 P（LAEMA-*co*-GMA-*co*-BA）的摩尔质量（M_n）和多分散度（PDI）如表 4.1 所示。采用差示扫描量热法（DSC）表征了聚合物的热性能，并在表 4.1 列出了聚合物玻璃化转变温度（T_g）。为了避免抗菌涂层在制备加热过程中聚合物链 LAEMA 段发生热降解，我们选择聚合物 PLGB-2 来评估其热稳定性。图 4.4 清楚地显示，在 230℃时，PLGB-2 的质量损失仅为 5％，这表明聚合物 PLGB-2 具有良好的热稳定性。

表 4.1　聚合物 P（LAEMA-*co*-GMA-*co*-BA）s 的表征

| 聚合物 | 组分/mol % | 分子量[2] | | T_g/℃[3] |
	LAEMA：GMA：BA[1]	$M_n/10^4$	PDI	
PLG	47.5：52.5：-	0.82	2.47	79
PLGB-1	27.2：51.1：21.7	0.88	3.91	94
PLGB-2	28.1：35.7：36.2	0.79	4.62	91
PGB	-：51.6：48.4	1.21	2.44	97

①由 ^{1}H NMR 结果计算的摩尔比；②由 GPC 测试结果获得；③由 DSC 测试结果获得。

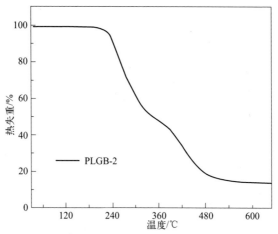

图 4.4 聚合物 PLGB-2 在 30～650℃ 的 TGA 结果

4.3.2 聚合物涂层的表面性质

采用 X 射线光电子能谱（XPS）对表面改性前后基底的化学成分进行分析，图 4.5(a) 为样品 Si、APT-Si 和 APT-PLGB-2 的宽扫描光谱。在原始硅片表面观察到氧（O 1s）、碳（C 1s）和硅（Si 2s 和 2p）的特征信号，相比之下，在 APT-PLGB-2 和 APT-Si 的 XPS 光谱中均出现氮（N 1s）信号，证实获得了 APTES 修饰硅片和聚合物涂覆表面。聚合物涂层 APT-PLGB-2 组高分辨率 C 1s 和 N 1s 的 XPS 光谱如图 4.5(b) 和（c）所示。其中，C 1s 峰可分三个峰，在 284.8eV、286.4eV 和 287.9eV 处的 C 1s 峰分别对应于 C—C/C—H、C—N、C=O 中的碳特征峰[115]。N 1s 光谱中，399.8eV 处的 N 1s 峰对应于 C—NH—C[116]。XPS 分析结果表明了聚合物表面的差异，也证明聚合物 PLGB-2 成功地被涂覆在基材表面。

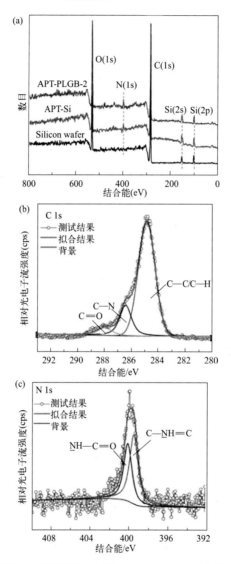

图 4.5　硅片、APT-Si 和 APT-PLGB-2 的 XPS 宽扫描光谱（a）；

APT-PLGB-2 涂层的高分辨率 C 1s XPS 谱图（b）；

APT-PLGB-2 涂层的高分辨率 N 1s XPS 谱图（c）

如图 4.6（Ⅰ）所示，通过静态水相接触角测试硅

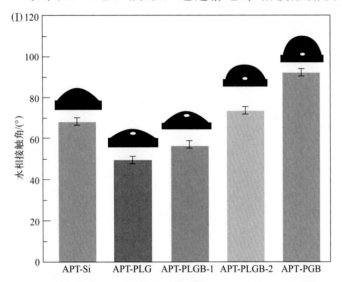

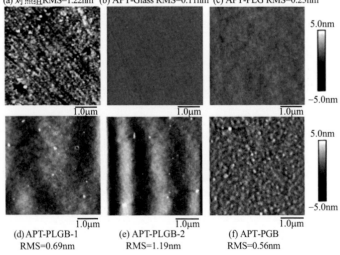

图 4.6　样品表面的静态接触角 （Ⅰ）；

涂层的 AFM 图像 （Ⅱ）（图像为 $5\mu m \times 5\mu m$）

烷化与聚合物涂层表面的润湿性。经过硅烷化（APT-Si）后的基材，水相接触角（CA）为 $68.1\pm2.1°$。APT-PLG 表面 CA 值比硅烷化表面低。当将龙脑单体引入聚合物表面时，APT-PLGB-1 表面 CA 值增大，表明龙脑链段主要分布在涂层的外层，这可以用来解释涂层后续的抗菌黏附性能。此外，APT-PLGB-2 涂层的 CA 为 $73.3\pm2.3°$，而 APT-PGB 涂层的 CA 为 $91.6\pm2.6°$，这表明 LAEMA 链段的存在使表面亲水性更强。涂层润湿性的增强是由于表面存在大量来自糖基链段中的羟基。进一步通过 AFM 对表面形貌进行观察，如图 4.6(Ⅱ) 所示。硅烷化后表面（APT-Glass）的粗糙度（RMS）为 0.11nm，而聚合物 P（LAEMA-*co*-GMA-*co*-BA）引入表面后，涂层的 RMS 略有增加。对于 APT-PLGB-2 涂层来说，其表面形貌相对平坦，RMS 粗糙度为 1.19nm，有利于制备高透明抗菌表面。

4.3.3　聚合物涂层的抗菌黏附性

细菌感染可能会引起一系列与健康相关的问题，因此具有良好抗菌性能的表面是生物材料的必要特征之一。这里选择大肠杆菌和金黄色葡萄球菌作为不同表面抗菌活性评估的代表菌株。图 4.7(a) 和 (c) 显示了不同表面的细菌菌落计数结果，对照组、玻璃片和 APT-Glass 的表面被密集的细菌菌落覆盖。类似地，在

APT-PLG 表面也观察到严重的细菌附着。然而，当将天然龙脑引入聚合物涂层后，与对照组相比，APT-PLGB-1 样品表面的细菌附着减少，表明龙脑链段在预防细菌附着方面起着关键作用。此外，APT-PLGB-2 和 APT-PGB 表面上大肠杆菌的附着明显减少，这可以归因于聚合物中龙脑链段含量的增加。虽然 APT-PL-GB-2 和 APT-PGB 表面之间的细菌附着没有显著差异，但 APT-PLGB-2 表面具有亲水性，这归因于 LAEMA 链段，并且保持了类似的抗菌效果。与对照组相比，大肠杆菌附着于 APT-PLGB-2 表面的抑制率为 88.4%。涂层与金黄色葡萄球菌的黏附结果如图 4.7(c) 所示，APT-PLGB-2 对金黄色葡萄球菌的抑制率为 81.3%。

此外，图 4.7(b) 和 (d) 显示了大肠杆菌和金黄色葡萄球菌附着在对照组和 APS-PLGB-2 表面上的数量。可以看出，对于这两种细菌来说，APS-PLGB-2 上的细菌数量明显较少，这表明 APS-PLGB-2 对大肠杆菌和金黄色葡萄球菌具有良好的抗菌黏附活性。采用活/死荧光法进一步观察大肠杆菌和金黄色葡萄球菌在对照组和 APS-PLGB-2 表面的黏附情况，在与细菌悬浮液共培养后，样品经 PBS 缓冲液洗涤并用 $100\mu L$ 的 LIVE/DEAD 染色试剂染色，然后观察表面上的细菌附着。如图 4.8(a) 所示，PLG 不具备阻止大肠杆菌附着的能力，导致表面有大量细菌黏附。正如预期的那样，

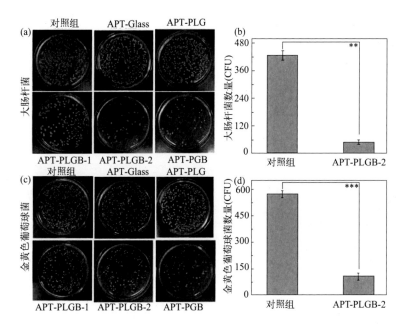

图 4.7 （a）和（c）为不同涂层培养后的大肠杆菌和金黄色葡萄球菌
菌落计数；（b）和（d）为大肠杆菌和金黄色葡萄球菌在对照和
APT-PLGB-2 上的统计数据（** 表示 $p < 0.01$，*** 表示 $p < 0.001$）

APT-PLGB-1 上的大肠杆菌附着略有减少；此外，随着龙脑链段含量的增加，APT-PLGB-2 表面附着的细菌数量大幅减少，这与细菌计数结果一致。同时，图 4.8（b）显示了大肠杆菌的活/死荧光实验结果，发现在 APT-PLGB-1、APT-PLGB-2 和 APT-PGB 表面几乎没有死亡的细菌（红色荧光），这证实了涂层可以通过龙脑链段的特殊立体化学结构来抑制细菌附着，并解释了表面的抗菌机制是通过影响细菌在表面的初始感知和附着，而不是杀死它们[117]。与大肠杆菌附着情况相似，在图 4.8（b）中金黄色葡萄球菌的活/死荧光实验中也观察到了类似的结果。这些结果进一步证明，在糖基化表面（APT-PLGB-2）上存在龙脑片段可以有效抑制大肠杆菌和金黄色葡萄球菌的黏附。

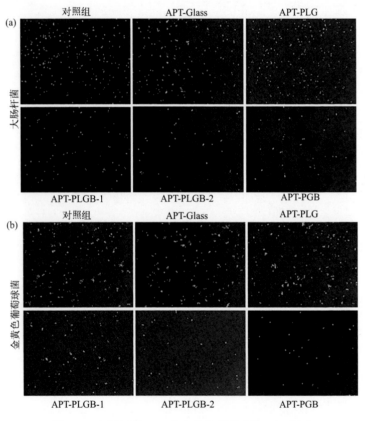

图 4.8　大肠杆菌（a）和金黄色葡萄球菌（b）附着
在不同涂层上的荧光图像

4.3.4　聚合物涂层的生物相容性

材料表面的生物相容性对临床应用至关重要。在这里，采用 MTT 法评估不同浓度聚合物和涂层对 MRC-5 细胞的体外细胞毒性，并以 MRC-5 细胞为阳性对照（100% 存活率）。如图 4.9(a) 所示，将 MRC-5 细胞在浓度为 0.05~2.0mg/mL 的聚合物溶液中 37℃ 培养 24h。当聚合物浓度增加到 2.0mg/mL 时，细胞存活率仍大于 86.2%，表明聚合物对 MRC-5 细胞没有明显的细胞毒性。此外，如图 4.9(b)，APT-PLGB-2 涂层表现出相对较低的细胞毒性，即使浸泡 72h，细胞存活率

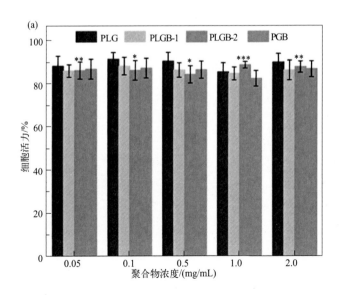

图 4.9

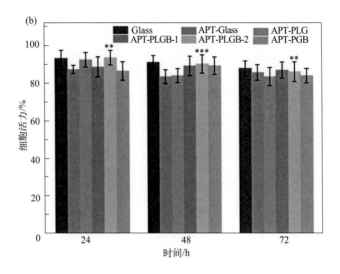

图 4.9　聚合物与 MRC-5 细胞共孵育后的细胞活力（a）；涂层浸泡

24h、48h、72h 后与 MRC-5 细胞共孵育 24h 的细胞活力（b）

（*表示 $p<0.05$，**表示 $p<0.01$，***表示 $p<0.001$）

仍为 86.9%。MTT 实验的结果表明，APT-PLGB-2 具有低毒性，可以作为一种生物相容性和有效抗菌涂层使用。

4.4　总结

本研究将 LAEMA 与结构独特的龙脑化合物结合，通过简单的自由基溶液聚合法制备了不同比例的聚合物 P（LAEMA-*co*-GMA-*co*-BA）。聚合物涂层是通过一步化学接枝，将聚合物固定在 APTES 功能化的无机表面制备而成。XPS 结果证明了聚合物成功接枝到 APTES 功能化表面。通过静态水接触角测量确认了 APT-PL-GB-2 涂层表面润湿性得到提高。此外，聚合物涂层 APT-PLGB-2 对大肠杆菌和金黄色葡萄球菌均表现出良好的抗菌黏附性能。体外实验显示涂层对 MRC-5 细胞没有明显的细胞毒性，表明抗菌涂层具有良好的生物相容性。该研究为设计含有糖共聚物和天然抗菌化合物的抗菌表面提供了一种极好的策略。

第 5 章

基于化学和物理交联的多功能水凝胶

5.1 引言

水凝胶是一种具有三维网络结构的功能性高分子材料，由于其具有组织弹性、亲水性、高含水量和足够的柔韧性等独特而优异的性能，已经在生物医学应用中引起了越来越多的关注[118-120]。由于可注射水凝胶易于操作和管理，对组织的侵袭小以及理想的生物相容性[121-123]，在药物递送、3D 细胞培养和组织工程支架材料等方面具有广阔的应用前景。它将药物、抗体、蛋白质等生物活性分子嵌入凝胶前体溶液中，通过导管、针头等微创方式植入患者体内，通过原位凝胶化实现靶向给药，避免了复杂的手术程序，减轻了患者的疼痛、医疗风险和成本。然而，水凝胶在体内，特别是在组织工程的应用中，不可避免地会受到外力而变形或受损，从而降低了其机械强度。为了解决这个问题，同时满足可注射性的要求，水凝胶中引入了自愈合性能，利用可逆键在特定条件下修复受损的水凝胶，以延长使用寿命[124-125]。一般来说，动态共价键［如动态希夫碱、二硫键和苯硼酸酯键等］和非共价相互作用（如氢键、离子相互作用和主-客体络合等）是构建自愈合水凝胶的两种常用方法[15,126-127]。其中，芳基硼酸酯形成的自愈合水凝胶引起了人们的极大兴趣，它是指芳基硼酸（ABAs）与1,2-二醇和1,3-二醇等反应物之间的动态可逆反应。然而，大多数芳基硼酸的 pK_a 值并不接近生理 pH 值（7.4），这阻碍了它们在生物医学领域的实际应用[128]。苯硼酮（$pK_a \approx 7.2$）是一种环状半硼酸，与顺式-1,2-二醇单糖具有良好的结合亲和力，且在生理 pH 下可以形成稳定的五元硼酸酯环[129]。然而，当暴露于复杂的环境中时，水凝胶材料容易受到蛋白质和微生物的积累，从而干扰生物分子的正常循环并触发免疫或炎症反应[130]。因此，设计并制备具有自愈合性及优异抗菌性能的可注射水凝胶具有重要意义。

为了解决这个问题，已经开发了不同类型的抗菌水凝胶。这些水凝胶大多通过释放封装的抗生素、金属离子或金属纳米颗粒、抗菌药物和肽等获得抗菌效果[131-132]。例如，Feng 等制备了银（Ⅰ）超分子聚合物水凝胶聚［甲基乙烯醚-马来酸钠］·$AgNO_3$，它可以与铜（Ⅱ）阳离子交换，并对大肠杆菌、铜绿假单胞

菌和表皮葡萄球菌具有有效的抗菌活性[133]。Tianjiao
等报道了一种纳米复合水凝胶，由氧化多糖和包覆 Ag
NPs 的阳离子树状大分子之间的希夫碱键形成[134]。该
纳米复合水凝胶体系对革兰氏阳性菌和革兰氏阴性菌均
具有较强的抗菌活性。此外，Lakes 等将万古霉素共价
结合到聚合物骨架结构中，设计并制备了一种抗菌水凝
胶[135]。这种水凝胶具有抗微生物活性，可用于特定
的药物递送，并通过控制水凝胶基质的亲水性/疏水
性含量来调节抗生素的释放和材料的降解。尽管这些
水凝胶在抗菌活性和控制药物释放方面显示很大的潜
力，但金属和金属纳米颗粒的潜在细胞毒性和抗生素
耐药性仍然是不可忽视的因素。因此，制备可注射、
自愈和生物相容性的水凝胶且不需要复杂的化学修饰
是必要的。

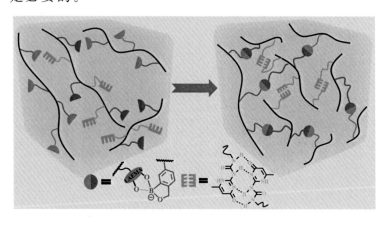

图 5.1　多功能水凝胶双重交联的示意图

本节中，我们通过化学和物理双交联设计了一种具有良好抗菌性能的可注射自愈水凝胶，该方法的示意如图 5.1 所示。在动态硼酸酯体系中引入四重氢键结构 2-脲基-4-嘧啶（UPy）单元制备了双重交联水凝胶。

5.2　实验部分

5.2.1　聚合物 (DMA-st-META-st-LAEMA) 的制备

如图 5.2(a) 所示，以 ACVA 为引发剂，通过自

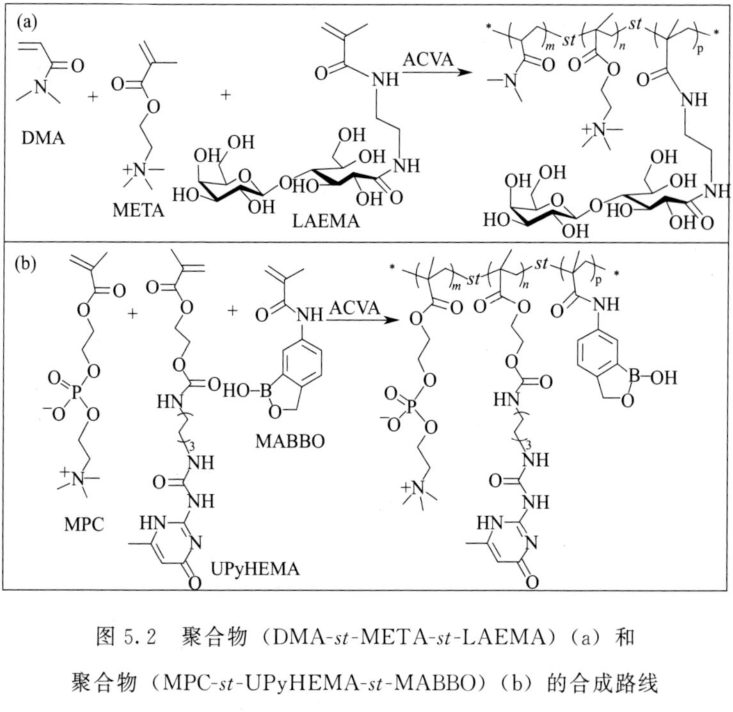

图 5.2　聚合物（DMA-*st*-META-*st*-LAEMA）（a）和聚合物（MPC-*st*-UPyHEMA-*st*-MABBO）（b）的合成路线

由基溶液聚合合成聚合物。将 N,N-二甲基丙烯酰胺（DMA）（119.0mg，1.2mmol）、[2-(甲基丙烯酰氧基)乙基]三甲基氯化铵溶液（META，80% 在 H_2O 中）（129.8mg，0.5mmol）、2-乳糖酰胺基乙基甲基丙烯酰胺（LAEMA）（140.5mg，0.3mmol）和 ACVA（1.68mg，6.0μmol）与甲醇和 DI 水的混合溶剂溶解在50mL 聚合管中。在 N_2 气氛下脱气 30min 后，于 70℃油浴中聚合反应 24h。反应在液氮中终止，所得到的聚合物经去离子水透析纯化 2d，并冻干。所得到的聚合物命名为 A。

5.2.2　聚合物（MPC-st-UPyHEMA-st-MABBO）的制备

聚合物的合成路线如图 5.2(b) 所示。下面以 5% UPyHEMA 为例，列出了通过传统自由基聚合合成聚合物（MPC-st-UPyHEMA-st-MABBO）的方法。将2-甲基丙烯酰氧乙基磷酰胆碱（MPC）（502.0mg，1.7mmol）、UPyHEMA（42.2mg，0.1mmol）、5-甲基丙烯酰胺基-1,2-苯硼酚（MAABO）（43.4mg，0.2mmol）和 ACVA（2.8mg，10.0μmol）置于 50mL聚合管中，用甲醇和 DMF 的混合溶剂溶解。密封后用N_2 脱气 30min，然后在 70℃ 的油浴中进行聚合反应，反应持续过夜。产物用去离子水透析后冷冻干燥，获得含 5mol% UPyHEMA 的聚合物命名为 B-2。类似地，根据上述实验步骤合成了含有 3％ UPyHEMA（B-1）和 7％ UPyHEMA（B-3）的聚合物。通过 ^{1}H NMR 光谱和 GPC 对共聚物的化学结构进行表征。

5.2.3　水凝胶的制备与表征

水凝胶是通过将 A 和 B 聚合物溶液以 1∶1 的体积比简单混合制成。以共聚物 B-2 制备水凝胶为例，首先将 A 和 B-2 分别以不同浓度（6％、8％和 10％）溶解在 PBS 缓冲溶液（pH7.4）中。将上述聚合物溶液以相同体积混合，立即原位形成水凝胶，分别记为 A＋B-2-6％、A＋B-2-8％和 A＋B-2-10％。凝胶化用瓶子倒置法确定。同样，聚合物 B-1 和 B-3 也采用上述方法制备水凝胶。

通过流变仪（TA Instruments，AR-G2）的流变学测量，分析了水凝胶的机械性能、自愈合性能和剪切稀化性能，流变仪的几何形状为 20mm 2.008°锥板，间隙为 53μm。在对水凝胶进行流变性测量前，将少量硅油涂在水凝胶样品的外部，以防止水分流失。首先，为了比较水凝胶的力学性能，在 0.1～100rad/s 的角频率范围内，以 1％的应变幅度进行水凝胶的频率扫描，并在 10rad/s 的角频率下记录存储模量值。以水凝胶 A＋B-2-8％为例，采用恒定频率（$\omega = 10$rad/s）在 $\gamma = 0.01％～1000％$ 范围内进行应变扫描，研究了 A＋B-2-

8％的自愈合性，以确定凝胶破坏的临界应变。然后，在恒定频率（$\omega=10\text{rad/s}$）下进行了循环应变测试，重复大应变（500％，60s）以使水凝胶网络破损，小应变（1％，60s）以恢复机械性能。在 0.1～1000l/s 的剪切速率范围内，通过稳定的流动扫描来评估水凝胶的剪切稀化性能。通过将切割的水凝胶放置在一起，进一步测量了其自愈合性能。此外，还通过将水凝胶塑造成不同的形状来研究其可塑性。

5.2.4　水凝胶的 pH 和糖响应行为

用罗丹明 B（RhB）和亚甲蓝（MB）染料分别将水凝胶 A＋B-2-8％染色，用于研究其 pH 和糖响应性。pH 响应性测试：将 $5\mu\text{L}$ 盐酸溶液（1mol/L）加入水凝胶中，然后剧烈摇动。待水凝胶 A＋B-2-8％完全液化后，加入 $5\mu\text{L}$ 氢氧化钠溶液（1mol/L）重新形成水凝胶。重复以上过程 3 次，然后通过照片捕捉凝胶-溶胶-凝胶的可逆转变。为了观察水凝胶的糖响应行为，将水凝胶分别浸泡在 100mmol/L 果糖溶液和 PBS（pH7.4）溶液中。在不同的时间监测水凝胶的变化，并通过图像采集观察。

5.2.5　水凝胶的抗菌活性测试

所有水凝胶样品经紫外线消毒30min，根据所报道的方法进行测定以评估水凝胶的抗菌性能[136]。首先是细菌培养和预处理：大肠杆菌（革兰氏阴性）（ATCC 25922，美国）和金黄色葡萄球菌（革兰氏阳性）（ATCC 25923，美国）作为评估含水凝胶抗菌性能的典型细菌。将 LB 平板上的单个菌落接种于 25mL 无菌 LB 肉汤中，制备新鲜大肠杆菌。从胰蛋白酶大豆琼脂（TSA）培养皿中分离单个菌落，悬浮于 25mL TSB 肉汤中制备金黄色葡萄球菌。37℃培养 24h 后，将细菌稀释至 1×10^7 CFU/mL 以供进一步使用。

将 $100\mu L$ A 和 $100\mu L$ B-2 聚合物溶液（8%）加入 24 孔板中，制备 $200\mu L$ 用于抗菌评估的水凝胶，然后洗涤水凝胶以去除未交联的聚合物。然后，将 $20\mu L$ 大肠杆菌和金黄色葡萄球菌的细菌悬液滴加到 24 孔板中的水凝胶表面上。将水凝胶在 37℃下孵育 2h，然后向 24 孔板中加入 $980\mu L$ 培养基（LB 或 TSB）以重新悬浮存活的细菌。以 $20\mu L$ 菌液（大肠杆菌或金黄色葡萄球菌）悬浮于 980mL 培养基中作为阴性对照组。取悬浮液 $100\mu L$，均匀接种于琼脂板上，37℃孵育 24h。抑菌效率的计算公式为：抑菌率(%) = $(B-A)/B \times 100\%$，A 是水凝胶存活细菌计数，B 是阴性对照计数。

5.2.6　水凝胶的生物相容性评价

所有样品均经紫外线消毒 30min，进行细胞毒性试验以评估共聚物和水凝胶的细胞相容性。首先是细胞培养：HeLa 细胞在含有 10％胎牛血清（FBS）和 1％抗生素（50 单位青霉素，50μg 链霉素）的 DMEM 培养基中，于 37℃、5％CO_2 的湿润环境中培养。当细胞密度达到 80％左右时，更换培养基，用 0.25％胰蛋白酶-EDTA 解离进行细胞传代。

采用 MTT 法研究聚合物的毒性，将 HeLa 细胞以5000 个细胞/孔的密度分装在 96 孔板中，每孔加入100μL 的 DMEM 培养基，并在 37℃孵育 24h。随后，将培养基替换为 100μL 新鲜的 DMEM 培养基或含有不同浓度聚合物的 DMEM 培养基，继续孵育 HeLa 细胞24h。在加入 MTT（20μL，5mg/mL 在无菌 PBS 中）后，使细胞进一步孵育 3～4h。然后，去除培养基，加入 100μL 二甲亚砜/异丙醇（1∶1 体积比）溶液以溶解甲酰胺晶体。通过 TECAN Genios pro 微孔板读数器测得在 570nm 处的吸光度，并通过将聚合物的 OD 值与对照组的 OD 值进行比较，计算出细胞存活率。

其次，为了评估含水凝胶的细胞毒性，将聚合物 A和 B-2 以 8mg/100mL 的浓度溶解在 DMEM 细胞培养基中。聚合物溶液通过 0.22μm 的滤器过滤后进行灭菌处理。然后，将两种溶液各 500μL 混合形成水凝胶，并将水凝胶浸泡在原始含水凝胶体积的 10 倍培养基中，制备了含水凝胶提取物。在 24h 和 48h 收集水凝胶提取物，并按照上述相同方法培养 HeLa 细胞。

　　然后，通过 3D 细胞封装进一步评估了水凝胶的细胞毒性。将 HeLa 细胞悬浮于含 8% A 聚合物的 $200\mu L$ DMEM 培养基中，浓度为 $1.0\times10^6\,cell/mL$，并转移至 35mm 玻璃底皿中。随后，加入相同体积的 8% B 聚合物溶液，与悬浮液轻轻混合。凝胶化迅速发生，细胞被均匀地包裹在水凝胶网络中。孵育 10min 后，加入 DMEM 培养基，并在 37℃ 下孵育细胞 24h。将 DMEM 培养基取出，将含水凝胶用 PBS 溶液冲洗两次，然后用活/死染色进行染色。使用 CLSM 710 Meta 共聚焦激光扫描显微镜（Carl Zeiss，Jena，德国）观察染色后细胞图像。包埋细胞的细胞存活率进行定量分析和处理。

5.3　实验结果和讨论

5.3.1　聚合物的结构表征

　　采用自由基聚合法制备了聚合物 P（DMA-*st*-META-*st*-LAEMA）和 P（MPC-*st*-UPyHEMA-*st*-MAB-BO）。为了研究 UPyHEMA 中四重氢键对水凝胶力学性能的影响，合成了三种不同 UPyHEMA 含量的共聚物，命名为 B-1、B-2 和 B-3。通过 ^{1}H NMR 和 GPC 对其进行了表征。其中，共聚物 A 在 ^{1}H NMR 中清晰地观察

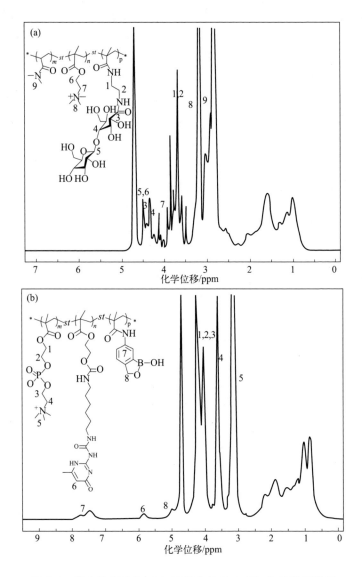

图 5.3　聚合物 PDML（a）和聚合物 B-2（b）的核磁氢谱图

到 DMA（δ 为 2.86ppm）、META（δ 为 3.33ppm）和 LAEMA（δ 为 4.52 和 4.35ppm）的特征峰（图 5.3）。B-2 共聚物的化学成分如图 5.3 所示，可以观察到 MPC（δ 为 3.13～4.24ppm）、UPyHEMA（δ 为 5.86ppm）、MAABO（δ 为 7.72、7.47 和 5.02ppm）的代表性峰，通过特征峰积分计算了共聚物中单体的摩尔比。共聚物的数均分子量（M_n）和分散性（PDI）由水相 GPC 测定，并总结于表 5.1 和表 5.2。

表 5.1　聚合物 P（DMA-*st*-META-*st*-LAEMA）的表征

聚合物	组分/mol %		分子量[3]		T_g/℃[1]
	DMA∶META∶LAEMA[1]	DMA∶META∶LAEMA[2]	$M_n/10^4$	PDI	
A	60.0∶25.0∶15	58.6∶28.7∶12.7	2.66	2.09	78.3

①投料摩尔比；②实际计算的摩尔比；③由 GPC 测试结果获得；④由 DSC 测试结果获得。

表 5.2　聚合物 P（MPC-*st*-UPyHEMA-*st*-MABBO）的表征

聚合物	组分/mol %		分子量[3]		T_g/℃[1]
	MPC∶UPyHEMA∶MABBO[1]	MPC∶UPyHEMA∶MABBO[2]	$M_n/10^4$	PDI	
B-1	87.0∶3.0∶10	90.38∶2.15∶7.47	3.60	2.89	83.6
B-2	85.0∶5.0∶10.0	89.40∶3.77∶6.83	2.73	3.11	82.2
B-3	83.0∶7.0∶10.0	86.92∶5.33∶7.75	3.39	3.13	91.3

①投料摩尔比；②实际计算的摩尔比；③由 GPC 测试结果获得；④由 DSC 测试结果获得。

5.3.2 水凝胶的性能表征

水凝胶是通过两种共聚物溶液的简单混合制备而成。如图 5.7 所示，水凝胶可以在不到 20s 内形成，并通过样品瓶倒置法确定。水凝胶的快速构建是由于芳基硼酸酯和氢键的迅速形成。根据固含量和 UPy 链段含量的不同，分别制备了 A＋B-2-6%、A＋B-2-8%、A＋B-2-10%、A＋B-1-8%和 A＋B-3-8%的水凝胶。采用动态振荡频率扫描研究了水凝胶的力学性能，恒定应变为 1%时，水凝胶的储存模量（G'）和损耗模量（G''）随频率的变化如图 5.4(a) 所示。水凝胶的 G' 和 G''表现出对频率的依赖行为，这是动态水凝胶的典型特征[137]。水凝胶在低频下表现出类似液体的行为，G'小于 G''；而在高频下，则表现出类似固体的状态，G'大于 G''。

由图 5.4 可知，水凝胶的储存模量 G' 与固含量有关，并随着固含量的增加而增大，这是由于随着固体含量的增加，单位体积内的芳硼酸酯和氢键的动态相互作用增加，形成了更致密的水凝胶网络，从而提高了水凝胶的储存模量。在固定频率（$\omega=10\mathrm{rad/s}$）下收集的三种水凝胶的储存模量 G' 值如图 5.4(b) 所示，A＋B-2-6%、A＋B-2-8% 和 A＋B-2-10% 的 G' 值分别为 312.5Pa、531.7Pa 和 1091.4Pa。我们还探讨了 UPy 链

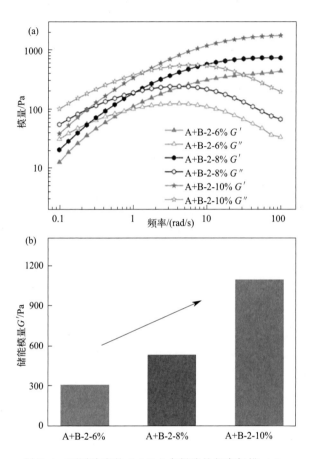

图 5.4 不同浓度的 A＋B-2 水凝胶的频率扫描（a）；
G' 值汇总（b）（$\gamma=1\%$，$\omega=10\mathrm{rad/s}$）

段含量和 pH 对水凝胶机械性质的影响。流变学结果表明（图 5.5），UPy 链段含量最高的 A＋B-3-8％具有最高的凝胶强度。UPy 链段的存在使可注射水凝胶具有良好的机械强度，即使在浓度为 6％的水凝胶中，也能

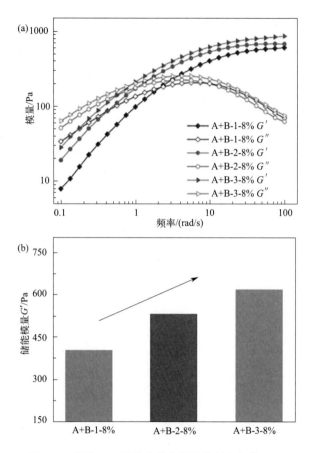

图 5.5　不同 UPy 链段含量水凝胶的频率扫描（a）；

G' 值汇总（b）（$\gamma=1\%$，$\omega=10\text{rad/s}$）

获得在 10rad/s 下 312.5Pa 的储存模量 G'，这与只含苯硼酸酯-1,2-/1,3-二醇相互作用的水凝胶相比，力学性能得到了提升。

此外，如图 5.6 所示，通过流变学结果对比了在不

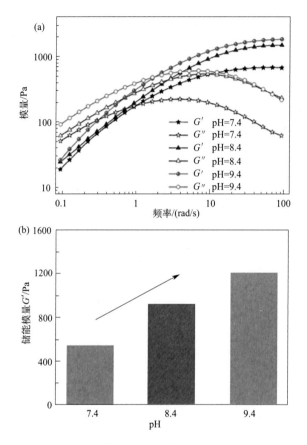

图 5.6　不同 pH 值 A＋B-2-8％水凝胶的频率扫描（a）；
G' 值汇总（b）（$\gamma=1\%$，$\omega=10\mathrm{rad/s}$）

同 pH 值下形成的水凝胶。水凝胶的模量（G' 和 G''）随着 pH 值的增加而增加，这可能因为苯硼酸酯与糖在高 pH 值下比在低 pH 值下能够形成更强的结合亲和力。为了更好地观察 UPy 链段含量和 pH 对机械性能的影响，我们将恒定频率下（$\omega=10\mathrm{rad/s}$）水凝胶的

G'值汇总在图 5.5（b）和图 5.6（b）中。结果表明，通过改变固体含量、UPy 单元含量和 pH，可以简单地调节水凝胶的机械性能。此外，通过 SEM 观察了水凝胶的内部微观结构。如图 5.7（b）所示，双交联水凝胶具有相互连接的多孔网络结构，为 3D 细胞封装中的细胞生长提供了合适环境。

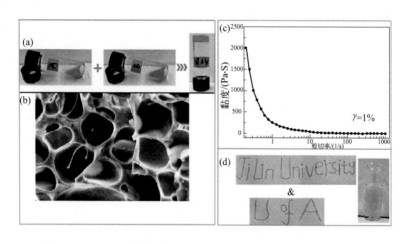

图 5.7　A 和 B 聚合物溶液混合形成的水凝胶（a）；A＋B-2-8％
水凝胶的 SEM 图像（b）；A＋B-2-8％水凝胶黏度与剪切
速率的关系（c）；通过注射器将 A＋B-2-8％水凝胶注射
到 PBS 溶液（pH7.4）中（d）

对于治疗性水凝胶，可注射性是至关重要的，因此，通过流变试验和目视观察对水凝胶的注射性进行了评估。如图 5.7（c）所示，随着剪切速率的增加，黏度逐渐降低，说明水凝胶具有剪切稀化的性质。如图 5.7

（d）所示，水凝胶可以连续挤压到 PBS 溶液中。这种易于注射性使水凝胶具有最小的组织侵袭和易于操作的优势。

具有自愈合性质的水凝胶将延长其工作寿命。为了研究自愈合过程，我们对 A＋B-2-8％水凝胶进行了流变学测量。如图 5.8（a）所示，首先对 A＋B-2-8％水凝胶进行 0.1％～1000％的振荡应变测量，以确定线性黏弹性区域和凝胶-溶胶过渡点。当应变从 0.1％增加到 1000％时，存储模量 G' 和损失模量 G''' 首先经历了一个线性黏弹性平台，然后急剧下降，G'' 的值远大于 G' 的值，这表明凝胶网络发生了崩塌和破坏。A＋B-2-8％水凝胶的临界应变值为 315％。随后，对 A＋B-2-8％水

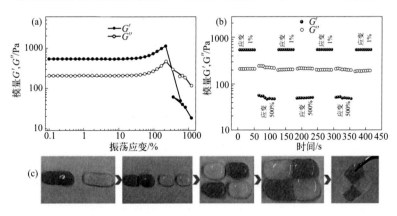

图 5.8　A＋B-2-8％水凝胶的振荡应变扫描（a）；A＋B-2-8％水凝胶的
动态循环应变扫描测量（b）（$\omega=10$rad/s，$\gamma=1$ 或 500％）；
A＋B-2-8％水凝胶的自愈性能（c）

凝胶进行了重复的动态应变测试（$\gamma = 1\%$或500%），以确定其在凝胶破裂后恢复机械性能的能力。如图5.8（b）所示，当A＋B-2-8%水凝胶受到500%应变时，G'值立即出现显著下降，同时G''值超过了G'。而当将应变降低至$\gamma = 1\%$时，G'值几乎可以恢复到初始值，这表明即使经过3次凝胶网络破坏和重建，自修复过程也是完全可重复的。另外，我们将两块水凝胶（一块未染色，另一块用RhB染色）切成四块，交叉放置，没有任何外界干预的情况下，它们在大约20s内发生愈合，可以在图5.8（c）中直观地观察到分开的水凝胶修复成一个整体，这表明水凝胶具有出色的自愈合能力。此外，在图5.9（a）中，水凝胶表现出可自由塑形的特性，可以轻松塑造成许多不同的形状，如星形、矩形、C形和三角形。同时，水凝胶在图5.9（b）表现出优异的延展性，可以拉伸到很大的伸长率而不会断裂。这些结果对实际应用中不规则表面的匹配具有重要意义。

5.3.3 水凝胶的响应性

芳基硼酸酯的形成高度依赖于pH[138]，因此，在低于pK_a和高于pK_a的pH下，水凝胶分别发生解离和重组。图5.9（c）所示循环实验证明了pH响应性凝胶-溶胶-凝胶转变的可逆性。在加入1mol/L HCl后，

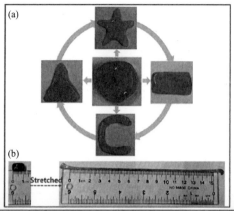

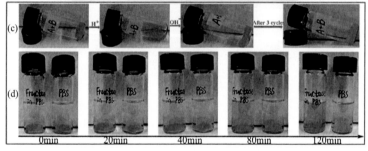

图 5.9　水凝胶的可塑性（a）；A＋B-2-8％水凝胶的拉伸性（b）；
循环加入 HCl 和 NaOH 后，A＋B-2-8％水凝胶的可逆凝胶-溶胶-
凝胶转变（c）；A＋B-2-8％水凝胶对糖的响应性（d）

A＋B-2-8％水凝胶迅速变成液体溶液，表明苯硼酸-糖
复合物的络合解离。而在加入 1mol/L NaOH 溶液中和
后，水凝胶网络可以重新建立。在反复添加 HCl 和
NaOH 溶液三个周期后，仍然可以观察到水凝胶网络
的重建，这表明水凝胶的 pH 响应过程能够重现。如图
5.9(d) 所示，通过添加果糖证明了水凝胶对糖的响应

性。将用 MB 染色的水凝胶浸入 100mmol/L 果糖（在 pH7.4 PBS 中）和 PBS 溶液（不含果糖）中，我们可以直接观察到，浸泡在 100mmol/L 果糖溶液中的水凝胶在 120min 内分解。相比之下，浸泡在纯 PBS 溶液中的水凝胶仍然相对稳定，只观察到一定程度的染料释放。这是由于果糖与苯硼酚结合亲和力比 1,2-二醇更高[139]。水凝胶的这种响应性为治疗药物的释放提供了应用前景。

5.3.4 水凝胶的抗菌活性

赋予可注射水凝胶抗菌活性可以降低医疗植入应用中的感染风险，因此，我们也评估了水凝胶对大肠杆菌和金黄色葡萄球菌的抗菌活性。图 5.10 显示了在 A＋B-2-8％水凝胶处理 2h 后，将大肠杆菌和金黄色葡萄球菌稀释后重新培养在琼脂平板上的结果。图 5.10(a) 和 (b) 所示，与阴性对照组相比，A＋B-2-8％水凝胶在琼脂平板上细菌菌落明显减少。图 5.10(c) 和 (d) 量化了大肠杆菌和金黄色葡萄球菌的数量，计算出对大肠杆菌的抑制效率为 80.7％，对金黄色葡萄球菌的抑制效率为 83.8％，这清楚地表明水凝胶具有良好的抗菌能力。水凝胶的抗菌性质主要依赖共聚物 A 中的季铵盐链段，它可以通过接触杀菌机制来抑制细菌。

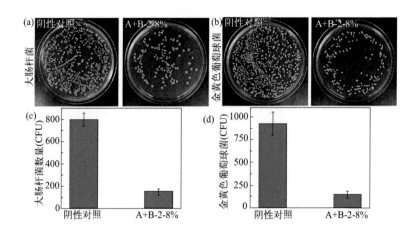

图 5.10　大肠杆菌（a）和金黄色葡萄球菌菌落（b）在未/加
A＋B-2-8％水凝胶培养后的平板计数结果；（c）和（d）为
大肠杆菌和金黄色葡萄球菌的菌落统计

5.3.5　水凝胶的细胞毒性与 3D 细胞封装

生物材料的细胞毒性对于生物医学应用非常重要，因此有必要评估聚合物和水凝胶的生物相容性。我们选择 HeLa 细胞系进行 MTT 实验，结果如图 5.11 所示。在 0.01～4mg/mL 的聚合物溶液中孵育 24h 后，所有样品的细胞存活率均保持在 82.1％以上。通过将水凝胶浸泡在 10 倍于原水凝胶体积的培养基中获得的水凝胶提取物与 HeLa 细胞孵育，测量水凝胶提取物的细胞毒性。如图 5.11(a)～(c) 所示，A＋B-2-8％水凝胶在

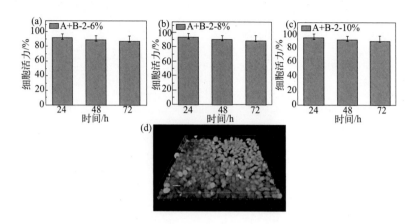

图 5.11 A＋B-2-6％（a），A＋B-2-8％（b）、A＋B-2-10％水凝胶
提取物与 HeLa 孵育后的细胞活力（c）；HeLa 细胞在
A＋B-2-8％水凝胶中培养后的活/死细胞染色结果（d）

孵育 72h 后，细胞存活率仍高于 86.7％。上述结果表明，聚合物和水凝胶提取物均无明显毒性。此外，如图 5.11(d) 所示，通过将两种聚合物溶液与 HeLa 细胞混合，进一步探索了 A＋B-2-8％水凝胶的 3D 细胞封装能力。水凝胶在几秒钟内迅速形成，HeLa 细胞均匀分布在三维结构中，随后在 37℃下孵化 48h。通过活/死染色法评估了细胞存活率，并利用荧光共聚焦显微镜成像。经计算，细胞存活率约为 82.6％，这表明水凝胶可以通过多孔结构有效地向细胞输送营养物质，使其保持在良好的状态。因此，水凝胶在细胞封装等生物工程应用中具有巨大潜力。

5. 4　总结

　　总之，通过一步简单混合法制备了多功能双重交联的可注射水凝胶。双交联网络是由动态共价相互作用段（苯硼酚-糖）和非共价相互作用段（四重氢键）组成。水凝胶具有良好的自愈合能力，对 pH 和糖均有响应性。流变学测试表明，水凝胶的力学性能可以通过聚合物固含量、UPy 链段含量和 pH 进行调节。此外，水凝胶能够有效抑制大肠杆菌和金黄色葡萄球菌的生长，同时对细胞的毒性较低。3D 细胞封装实验结果还证明它们可以为 3D 封装中的细胞生长和增殖提供营养物质。这种双交联多功能水凝胶在许多生物医学领域具有巨大的应用潜力。

第 6 章

基于糖基聚合物的
多功能抗菌水凝胶材料

6.1 引言

皮肤作为人体免疫系统的第一线防线，对维持正常的新陈代谢和信息交换至关重要[140]。日常生活中由于受伤、烧伤、划伤或外科手术切口而形成的开放性伤口不可避免地会损害皮肤的完整性[141]。如果不进行适当的治疗，皮肤损伤可能会被微生物感染，导致慢性不愈合的伤口，甚至组织坏死[142-143]。近年来，为了加快伤口愈合进程开发了各种类型的伤口敷料，包括改性纱布、海绵、薄膜、冻胶、水凝胶等[144-146]。其中，水凝胶因其在保持湿润伤口环境、吸收多余渗出物和允许氧气渗透方面的优势，被认为是治疗伤口愈合的理想敷料[147]。然而，传统的单一功能水凝胶敷料很难满足创面护理的要求，并可能造成二次损伤[148]。因此，制备多功能伤口敷料水凝胶以促进受损皮肤组织再生具有重要意义。

特别是具有自愈性能的可注射水凝胶，因其能够覆盖不规则伤口并适应身体频繁运动引起的变形而引起了广泛关注[149]。在水凝胶的构建中引入非共价相互作用（如氢键、π-π堆叠、疏水相互作用等）或动态共价化学（如硼酯、动态亚胺键、二硫键等）可逆相互作用，是获得具有自愈性水凝胶的可靠途径[150-151]。其中，基于动态硼酸酯连接的自愈性和可注射性水凝胶在组织工程、受控药物释放和电子皮肤应用中脱颖而出[152]。Narain团队报告了各种类型的自愈性和可注射性水凝胶，其动态交联由苯硼酸酯和半乳糖构成[153]。然而，除了满足可恢复性和韧性等基本要求之外，水凝胶伤口敷料在创伤处理过程中如果缺乏抗菌活性，可能会导致微生物感染并延长再生过程[154]。因此，具有抗菌能力的多功能水凝胶敷料在为愈合的伤口提供额外的保护方面起着重要作用。

目前，将抗菌剂（如抗生素、抗菌肽、离子液体、金属离子和纳米颗粒）载入水凝胶基质中，为设计抗菌水凝胶敷料提供了一种有效方案[18,155-156]。例如，Wu等通过酰胺化反应将肽RRRFRGDK（P3）偶联到水凝胶表面，开发出一种具有抗菌和止血性能的混合型水凝胶伤口敷料[157]。Hao等设计了一种多功能复合水凝胶伤口敷料，将自组装肽 RADA16 与抗菌肽（Amps）偶联，并将其纳入含有 MGF E 肽的聚 N-异丙基丙烯酰胺（PNIPAM）水凝胶中，该复合水凝胶敷料系统能有效预防大肠杆菌和金黄色葡萄球菌感染，并增强止血能力[158]。此外，Shi 等报道了一种包裹万古霉素（Van）和溶葡萄球菌素（Ls）的可注射水凝胶，通过 Van 和 Ls 的共同递送，对甲氧西林敏感和耐甲氧西林金黄色葡萄球菌表现出杀菌和生物膜分散活性[159]。尽管这些水凝胶在预防细菌感染方面非常有吸引力，但抗菌肽的高价格和由抗生素引起的微生物耐药性仍然是不容忽视的问题。作为一种纳米颗粒抗菌剂，银纳米颗粒（Ag NPs）因其出色的抗菌活性和避免耐药性的能力而成为潜在的替代品[160]。目前，Ag NPs 通常通过物理包封或化学交联的方式加载到水凝胶敷料中，以防止伤口部位的感染，缩短愈合时间。然而，这些多功能抗菌水凝胶通常需要多阶段修饰和复杂的设计，导致临床应用有限。

从天然糖分子中提取的含有二醇的物质具有稳定的化学性质和良好的生物相容性等优点[161]。2-乳糖酰胺基乙基甲基丙烯酰胺（LAEMA）是一种改性糖单体，其结构中的 1,2-二醇与硼酸易于形成动态硼酸酯键。基于 LAEMA 的水凝胶是一种有吸引力的候选生物材料。在这里，我们通过简单的一步交联方法设计和制备了一种多功能抗菌水凝胶敷料，用于加速伤口修复。其中含有硼砂、Ag NPs 和两性离子糖共聚物聚［(2-甲基丙烯酰氧乙基磷酸胆碱)-(N,N-二甲基丙烯酰胺)-(2-乳酸氨基乙基甲基丙烯酰胺)］（PMDL）。聚合物链上的半乳糖残基与硼砂构建了动态可逆的硼酸酯键，使水凝胶在被破坏后具有快速自愈能力。银纳米粒子作为一种可控释放的抗菌纳米粒子，被包含在水凝胶网络中，使其具有良好的抗菌活性。2-甲基丙烯酰氧乙基磷酸胆碱（MPC）具有良好的生物相容性。并且该糖共聚物的 DMA 片段可以通过氢键与各种材料表面结合，从而使所制得的水凝胶具有优异的黏附性。这种简单有效的多功能协同作用的水凝胶敷料在伤口治疗中具有很大的潜力。

6.2 实验部分

6.2.1 聚合物 (MPC-DMA-LAEMA) 的制备

如图 6.1 所示，以 ACVA 为引发剂，通过自由基溶液聚合，合成了共聚物 P（MPC-DMA-LAEMA）。简单来说，2-甲基丙烯酸羟乙酯磷酸胆碱（MPC）（88.6mg，0.3mmol）、N,N-二甲基丙烯酰胺（DMA）（208.2mg，2.1mmol）和 LAEMA（281.1mg，0.6mmol）溶解在 DMF 和去离子（DI）水的混合溶剂中，并置于

25mL 的聚合管中，加入 ACVA（2.52mg，9.0μmol）并用氮气除气 30min 以去除体系中的氧气，然后，在 70℃搅拌反应 24h。对共聚物透析进行 3d 的纯化，然后冻干，得到的共聚物被命名为 PMDL。通过傅立叶红外变换光谱（FT-IR）和 ^{1}H NMR 对共聚物的成分进行表征。通过凝胶渗透色谱（GPC）确定共聚物的分子量和分子量分布（PDI）。

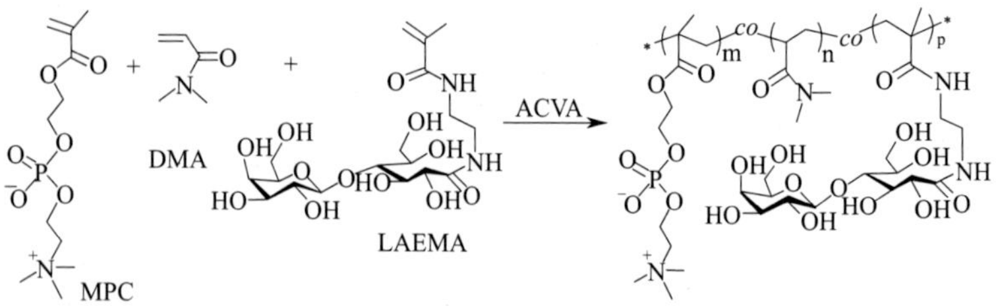

图 6.1　聚合物 PMDL 的合成路线

6.2.2　水凝胶的制备与表征

如图 6.2 所示，水凝胶是由共聚物 PMDL、硼砂和 Ag NPs 溶液简单混合而成。将不同浓度（10mg/100mL、12mg/100mL、14mg/100mL）的共聚物 PM-DL 溶解在去离子水中，并超声处理 10min，然后将硼砂溶液（1.5mg/100mL）按 4：1 的比例加入。如制备名为 PMDL-12％/Borax/Ag NPs 的 12mg/100mL 水凝胶，首先将 72mg PMDL 和 2.25mg 硼砂分别溶解在 600μL 和 150μL 去离子水中，然后将 Ag NPs（1.0mg/

mL）通过超声分散在上述混合溶液中。由不同聚合物浓度引发的硼砂交联制备的水凝胶分别命名为 PMDL-10％/硼砂/Ag NPs、PMDL-12％/硼砂/Ag NPs 和 PMDL-14％/硼砂/Ag NPs。

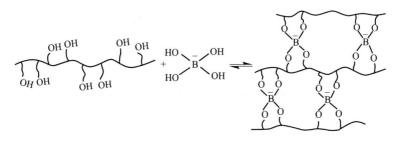

图 6.2 水凝胶 PMDL-12％/硼砂/Ag NPs 的交联机理

流变性能：对 PMDL-10％/硼砂/Ag NPs、PMDL-12％/硼砂/Ag NPs 和 PMDL-14％/硼砂/Ag NPs 水凝胶样品在 25℃进行了流变分析，使用了 20mm 2.008° 圆锥盘几何形状，间隙为 53μm。其中，水凝胶是通过在流变仪上混合 PMDL、硼砂和 Ag NPs 溶液而原位形成的。多余的水凝胶被去除，并在外围涂上少量硅油以防止水分蒸发。为了确定水凝胶的机械性能，对不同共聚物浓度的所有水凝胶进行了固定应变（$\gamma = 1\%$）下的动态振荡频率扫描，角频率范围从 0.1～100rad/s。以 PMDL-12％/硼砂/Ag NPs 为例，研究了水凝胶的自愈合性能。首先，将 PMDL-12％/硼砂/Ag NPs 水凝胶进行动态应变扫描（γ 从 0.01％～1000％）以确定 G'

和 G'' 的交叉点（临界应变值），频率保持不变（$\omega=$ 10rad/s）。然后固定频率不变，进行交替应变扫描测试（$\gamma=1$ 和 $\gamma=800\%$）以评估 PMDL-12％/硼砂/Ag NPs 水凝胶自愈合行为的重复性。

PMDL-12％/硼砂/Ag NPs 水凝胶的宏观自愈合性能：分别使用 RhB 和 MB 染色水凝胶。①将水凝胶切成两半，以获得四块水凝胶。MB 染色与 RhB 染色水凝胶切口保持接触。②将 MB 染色水凝胶切成多块并混合在一起以观察水凝胶的愈合。

水凝胶的黏附性能：使用新鲜的猪皮作为基材，评估水凝胶对皮肤组织的黏附性能。首先，将猪皮切成 10mm×30mm 的矩形，并浸泡在 PBS 溶液中以确保组织的润湿性。然后，均匀涂抹 PMDL-10％/硼砂/Ag NPs、PMDL-12％/硼砂/Ag NPs 和 PMDL-14％/硼砂/Ag NPs 水凝胶在一块猪皮上，另一块猪皮覆盖在水凝胶上，使接触面积为 10mm×10mm。将水凝胶和猪皮黏合在一起后，在室温下放置 2h，表征黏附强度，所有测试重复五次。此外，以 PMDL-12％/硼砂/Ag NPs 水凝胶为例，通过数字相机定性评估水凝胶对其它基材的黏附能力。

6.2.3　水凝胶的抗菌性能表征

水凝胶对大肠杆菌（ATCC25922）和金黄色葡萄

球菌（ATCC6538）的抗菌性能参考第 5 章实验步骤进行评估。大肠杆菌和金黄色葡萄球菌的单个菌落接种在 LB 和 TSB 液体培养基中，并在 37℃ 下培养至对数生长期。然后，将细菌稀释至 1×10^7 CFU/mL 以供进一步使用。

所有组别水凝胶用 PBS 洗涤以去除未交联的聚合物，将 $100 \mu L$ 水凝胶转移到 24 孔板中，然后将 $20 \mu L$ 细菌悬浮液均匀涂抹在水凝胶表面上，孵育 4h。之后，加入 $980 \mu L$ 灭菌 PBS 溶液轻轻重新悬浮细菌。对照组通过将 $20 \mu L$ 细菌溶液悬浮在 980mL PBS 溶液中获得。取出 $100 \mu L$ 细菌悬浮液，并均匀涂抹在琼脂培养皿上，再在 37℃ 下孵育 24h，记录并拍照琼脂培养皿上的菌落。此外，通过抑菌圈法进一步确定水凝胶的抗菌性能。首先在琼脂培养皿上准备圆形孔，并向孔中加入不同成分的 $200 \mu L$ 水凝胶。然后，将 $100 \mu L$ 细菌悬浮液（1×10^7 CFU/mL）均匀涂抹在琼脂培养皿上，在 37℃ 下培养 12h，记录抑制区域。所有抗菌实验均重复进行三次。

6.2.4　水凝胶的细胞相容性评估

采用 MTT 法通过 L02 细胞评估水凝胶的细胞毒性。首先，通过将水凝胶浸泡在原始水凝胶体积 10 倍的生长培养基中，并分别在 24h、48h 和 72h 获得水凝胶提取物。在 96 孔板中以 5×10^3 个/$100\mu L$ 孔的密度铺 L02 细胞，并于 37℃ 5%CO_2 的湿润环境中培养。24h 后，丢弃细胞培养基，加入 $100\mu L$ 新鲜的 DMEM 培养基（对照组）或水凝胶提取物。继续在 37℃ 下培养 L02 细胞 24h，然后，向每个孔中加入 $20\mu L$ MTT 溶液（浓度为 5mg/mL），使细胞再孵育 3h。小心去除 MTT 溶液，然后加入 $100\mu L$ 二甲基亚砜/异丙醇（1:1，体积比）溶液。使用 TECAN Genios pro 微孔板读数器获取 570nm 处的光密度，并通过将处理水凝胶提取物的细胞 OD 值与对照组的 OD 值进行比较计算细胞活力。

6.2.5　水凝胶的溶血试验

本研究中的所有动物实验均按照中国机构动物护理和使用委员会的官方指南进行，且动物实验程序已获得河南科技大学动物伦理委员会的批准。使用小鼠红细胞悬浮液进行溶血研究，将小鼠血液以 5000r/min 离心 5min，然后在生理盐水中重悬并冲洗 3 次，以制备 5% 的最终浓度。将 $400\mu L$ 红细胞与 $400\mu L$ 水凝胶样品共同孵育在一个管中。生理盐水中的红细胞作为阴性对照，0.1% Triton X-100 溶液中的红细胞作为阳性对照。在 37℃ 下孵育 3h 后，将红细胞悬液以 1000r/min 离心 5min，将上清液（$100\mu L$）转移到 96 孔板中，使用微孔板读数器测定上清液在 570nm 处的吸光度。每个测试都进行了三次重复。溶血率通过以下方程计算：

$$Hemolysis\ ratio(\%) = \frac{OD_{水凝胶} - OD_{阴性对照}}{OD_{阳性对照} - OD_{阴性对照}} \times 100\%$$

6.2.6　水凝胶的体内伤口愈合

为了进一步评估 PMDL-12%/硼砂/Ag NPs 水凝胶在体内的伤口愈合情况，建立了全层皮肤伤口模型。将小鼠随机分为三组：对照组、PMDL-12%/硼砂组和 PMDL-12%/硼砂/Ag NPs 组。麻醉后，在剃光的小鼠背部建立了直径为 7mm 的圆形全层皮肤伤口，所有操作都在干净的工作台上进行。然后，在小鼠的伤口部位用 PMDL-12%/硼砂和 PMDL-12%/硼砂/Ag NPs 水凝胶处理，用 PBS 溶液处理的空白伤口作为对照组，对每个样本进行三次平行实验。在不同组的皮肤伤口上分别于第 0、3、5、7 和 10 天用数码相机拍摄照片，并估计伤口面积。相对伤口面积（%）按以下公式计算：相对伤口面积（%）$= A_t/A_0 \times 100\%$，其中 A_0 和 A_t 分别是第 0 天和第 t 天（如第 3、第 5、第 7 和第 10 天）的伤口面积。第 10 天，将小鼠处死，取出皮肤组织，包括伤口旁边的正常皮肤，经 H&E 和 Masson 染色后进行组织学分析，并用光学显微镜观察皮肤组织切片。

6.3 实验结果和讨论

6.3.1 PMDL/硼砂/Ag NPs 水凝胶的表征

首先，采用自由基聚合法合成两性离子型糖基聚合物 PMDL。其中，MPC 链段具有亲水性，LAEMA 链段作为桥梁与硼砂形成硼酸酯键，触发水凝胶的形成，而 DMA 链段用于调节水凝胶的位阻并提供黏附性能。如图 6.3(a) 和（b）所示，通过 FT-IR 和 ^{1}H NMR 对其进行表征确定得到了聚合物 PMDL。

如图 6.4(a)，将聚合物 PMDL 水溶液与硼砂混合，在室温下 10s 内即可形成水凝胶（PMDL/硼砂），并在小瓶中测定，这是由于 LAEMA 链段上的 1,2-二醇与硼砂之间形成了硼酸酯。同时，将 Ag NPs 掺入到 PMDL/硼砂水凝胶中，得到 PMDL/硼砂/Ag NPs 水凝胶。通过调整共聚物 PMDL 的浓度，合成了一系列水凝胶，分别命名为 PMDL-10％/硼砂/Ag NPs、PMDL-12％/硼砂/Ag NPs 和 PMDL-14％/硼砂/Ag NPs。此外，以 PMDL-12％/硼砂/Ag NPs 为例，通过调整 Ag NPs 的浓度为 0、0.5、1.0 和 1.5mg/mL，分别表示为 PMDL-12％/硼砂、PMDL-12％/硼砂/Ag NPs0.5、PMDL-12％/硼砂/Ag NPs1.0 和 PMDL-12％/硼砂/Ag NPs1.5，得到具有抗菌性能的水凝胶。结合不同浓度

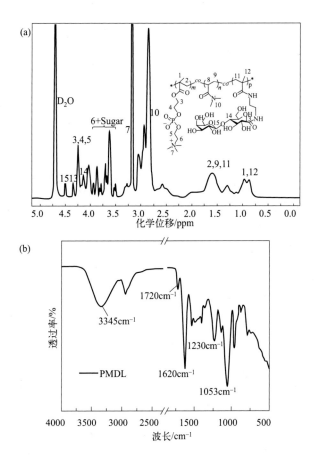

图6.3　聚合物 PMDL 的核磁氢谱（a）和红外光谱（b）

PMDL-12％/硼砂/Ag NPs 的抑菌效果，选择了 1.0mg/mL Ag NPs 作为典型进行测试，并统一表示为 PMDL-12％/硼砂/Ag NPs。

如图 6.4(c) 所示，使用扫描电子显微镜（SEM）观察了水凝胶的形态，冻干后的水凝胶均表现为不均匀

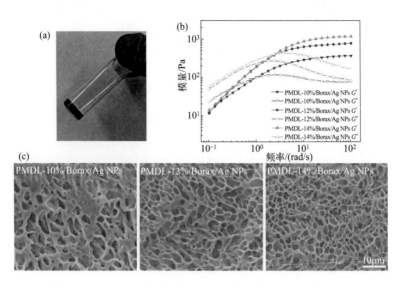

图 6.4　水凝胶形成的图片（用 MB 染色）（a）；不同浓度
（10、12、14％）的 PMDL/硼砂/Ag NPs 水凝胶的动态
振荡频率扫描（b）；不同水凝胶的扫描电镜图（SEM）（c）

的多孔网状结构。与其他水凝胶（PMDL-12％/硼砂/
Ag NPs 和 PMDL-14％/硼砂/Ag NPs 水凝胶）相比，
PMDL-10％/硼砂/Ag NPs 水凝胶具有最大的孔径，而
PMDL-14％/硼砂/Ag NPs 水凝胶的孔径最小。这种现
象与水凝胶的固含量和交联密度有关，直接影响了水凝
胶的孔径大小。相互连接的多孔网络结构可以提供足够
的空间，使血液和组织渗出物迅速吸收到水凝胶中，从
而可能增强伤口愈合。

采用动态振荡扫描对 PMDL-10％/硼砂/Ag NPs、
PMDL-12％/硼砂/Ag NPs 和 PMDL-14％/硼砂/Ag

NPs 水凝胶的机械性能进行了分析。在不同频率下，三种水凝胶的储存模量（G'）和损失模量（G''）的变化如图 6.4（b）所示。水凝胶表现出频率依赖的黏弹性行为，即在低频时，水凝胶表现出类似液体的行为（$G'<G''$）；而在高频时，水凝胶表现出类似固体的行为（$G'>G''$），这是动态水凝胶的特征现象[137]。在固定频率为 10rad/s 时，收集水凝胶的 G' 值，以研究固含量对水凝胶力学性能的影响。PMDL-10％/硼砂/Ag NPs、PMDL-12％/硼砂/Ag NPs 和 PMDL-14％/硼砂/Ag NPs 的 G' 值分别为 271.2Pa、592.5Pa 和 825.4Pa，表明储存模量 G' 与固含量呈正相关。因此，水凝胶的机械性能可以通过改变固体含量来简单地调整，这是各种生物医学应用所需要的。

6.3.2　水凝胶的自愈性、可注射性、可塑性和黏附性

水凝胶伤口敷料在使用过程中容易受到磨损，导致水凝胶网络的完整性被破坏。因此，设计具有自愈能力的水凝胶可以大大提高敷料的稳定性和使用寿命。PMDL-12％/硼砂/Ag NPs 水凝胶的宏观自愈过程如图 6.5(a) 所示，将两种不同颜色的水凝胶切成四块放在一起，在不受外界干预的情况下，接触 15s 后抬起拉伸，即可自动修复成一个整体，并且愈合后的水凝胶在愈合界面处被拉伸而不开裂。此外，如

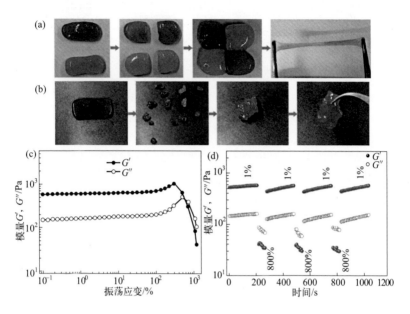

图 6.5 PMDL-12％/硼砂/Ag NPs 水凝胶的自修复性能 [（a）和（b）]；

水凝胶 PMDL-12％/硼砂/Ag NPs 振荡应变扫描（c）；

PMDL-12％/硼砂/Ag NPs 水凝胶循环应变扫描（d）

图 6.5(b) 所示，将 MB 染色的水凝胶切成碎片，不同碎片可以在随机接触时愈合成一个整体。这种快速自愈机制归因于硼砂与共聚物链上 LAEMA 链段上羟基之间建立的动态硼酸酯键。此外，还对 PMDL-12％/硼砂/Ag NPs 水凝胶进行了流变应变扫描测量，以进一步研究其自愈性能。水凝胶的应变扫描结果如图 6.5(c) 所示，在 0.1％～100％ 的应变范围内，G' 仍然大于 G''，表明 PMDL-12％/硼砂/Ag NPs 水凝胶可以承受相对较大的变形。G' 和 G'' 首先经历了一个线

性黏弹性平台，然后随着 G' 和 G'' 值（$G' < G''$）的值急剧下降，表明水凝胶网络发生了崩塌破裂。PMDL-12％/硼砂/Ag NPs 水凝胶的临界应变为 578％。此外，还进行了交替循环应变测试（$\gamma = 1$ 和 $\gamma = 800$％）以 10rad/s 频率进行。如图 6.5（d）所示，当施加 800％应变时，G' 的值显著减小，而 G'' 的值高于 G'，而当应变恢复到 1％时，水凝胶的储存模量 G' 逐渐恢复，即使经历了三次网络破裂和重建，最终 G' 几乎返回到原始值。这些结果一致证明了 PMDL-12％/硼砂/Ag NPs 水凝胶具有良好的自愈合能力。

伤口敷料水凝胶的可注射性使其易于操作和管理。如图 6.6（a）所示，水凝胶 PMDL-12％/硼酸/银 NPs 可以很容易地通过注射器注射而不堵塞，并且可以自由地挤出书写流畅的"HAUST"字母。这种可注射性保证了水凝胶在生物医学领域的广泛应用。此外，如图 6.6（b）所示，PMDL-12％/硼砂/Ag NPs 水凝胶具有很大的可塑性，可以重塑成不同的形状，包括星形、矩形和心形等。如图 6.6（c）还清晰展示了水凝胶的可拉伸性。这些结果表明，PMDL-12％/硼砂/银 NPs 水凝胶作为伤口敷料，具有可塑性和柔韧性，可以轻松覆盖各种不规则伤口并促进愈合。

水凝胶的黏附性能使其具有快速封闭出血部位的能力。如图 6.6（d）所示，用罗丹明 B 染色的 PMDL-

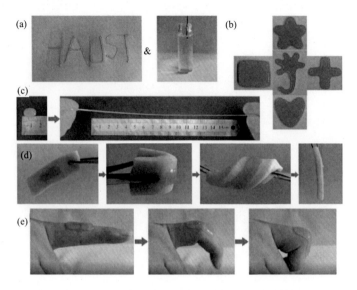

图 6.6　PMDL-12%/硼砂/Ag NPs 水凝胶的可注射性（a）；
水凝胶的可塑性（b）；水凝胶的高拉伸性（c）；水凝胶的组织
黏附性（d）；水凝胶黏附在手指上并动态适应运动（e）

12%/硼砂/Ag NPs 水凝胶能够紧密黏附到新鲜的猪皮上，并在扭曲和弯曲后，在皮肤组织上保持完整，没有分离。水凝胶对猪皮的黏附强度通过拉伸剪切试验进一步评估，示意如图 6.7（b）。我们发现，PMDL-14%/硼砂/Ag NPs 水凝胶（25.6kPa）的黏附强度高于 PMDL-10%/硼砂/Ag NPs 水凝胶（18.6kPa）和PMDL-12%/硼砂/Ag NPs 水凝胶（22.5kPa），且在图 6.7（c）测试样品中表现出最佳的黏附强度，这归因于丰富氨基的存在。此外，图 6.6（e）中，PMDL-

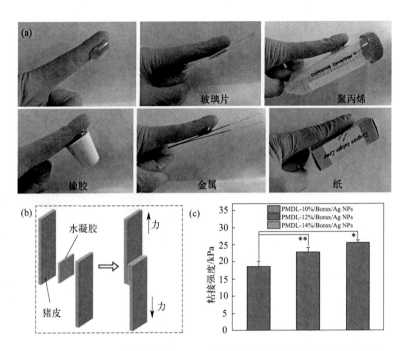

图 6.7 PMDL-12％/硼砂/Ag NPs 水凝胶黏附在不同材料表面 (a)；
水凝胶搭接剪切试验的示意图 (b)；不同水凝胶的黏接强度 (c)

12％/硼砂/Ag NPs 水凝胶在人手指的皮肤上表现出
良好的黏附性能，可以自由弯曲手指而不脱落，也不
引起过敏反应。PMDL-12％/硼砂/Ag NPs 水凝胶在
图 6.7(a) 中还能有效附着在玻璃、聚丙烯、橡胶、
金属和纸张等各种基材的表面。水凝胶对各种基材优
异的黏附性能主要归因于各种基材和 DMA 之间的氢
键相互作用，水凝胶表面的阳离子基团也有助于黏
附性。

6.3.3　水凝胶的抗菌活性

　　抗菌水凝胶可以作为有效的防护屏障防止细菌感染，其良好的抗菌性质对于伤口愈合非常重要。因此，在这项研究中，选择了革兰氏阴性细菌（大肠杆菌）和革兰氏阳性细菌（金黄色葡萄球菌）作为模型细菌，以研究不同水凝胶的抗菌能力。共培养 24h 后琼脂板上形成的菌落如图 6.8 所示，其中，未加水凝胶的细菌培养组为空白。如图 6.8(a)，经 PMDL-12％/硼砂水凝胶处理的琼脂板显示了与对照组类似的结果，对大肠杆菌

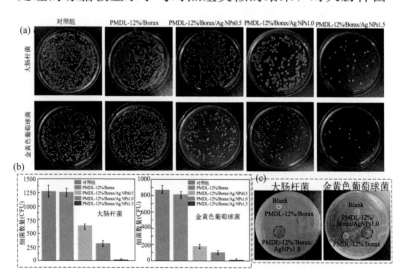

图 6.8　不同水凝胶的抗菌活性

（a）经水凝胶孵育后大肠杆菌和金黄色葡萄球菌菌落琼脂板结果；（b）细菌的菌落统计结果；（c）水凝胶对大肠杆菌和金黄色葡萄球菌产生的抑菌圈结果

几乎没有明显的抗菌作用。虽然一些研究表明硼砂具有抗菌活性，但结果显示 PMDL-12％/硼砂水凝胶几乎没有抗菌作用，这可能是由于水凝胶中硼砂的浓度太低，无法达到抗菌条件。相比之下，添加 PMDL-12％/硼砂/Ag NPs 使水凝胶有效降低了大肠杆菌的菌落数，且随着 Ag NPs 含量的增加，水凝胶的抗菌性能显著提高，含有最高 Ag NPs 含量的 PMDL-12％/硼砂/Ag NPs1.5 水凝胶的大肠杆菌数量最少。如图 6.8(a) 所示，水凝胶对金黄色葡萄球菌的抗菌行为也呈现出类似的趋势。此外，图 6.8(b) 显示了附着在对照组和不同水凝胶组上的大肠杆菌和金黄色葡萄球菌数量，表明 PMDL-12％/硼砂/Ag NPs 对细菌具有良好的抗菌活性。水凝胶的抗菌性质可以归因于水凝胶中释放的 Ag^+，它们可以结合到细菌细胞膜上并破坏细胞结构，与酶和蛋白质中的巯基相互作用以干扰新陈代谢[162]。

此外，采用圆盘扩散法进一步对 PMDL-12％/硼砂/Ag NPs 水凝胶的抑菌活性进行评价。如图 6.8(c) 所示，24h 后，PMDL-12％/硼砂和 PMDL-12％/硼砂/Ag NPs 水凝胶的抑制圈大小存在明显差异。PMDL-12％/硼砂/Ag NPs 水凝胶在大肠杆菌和金黄色葡萄球菌细菌上有较大的抑菌区，而 PMDL-12％/硼砂水凝胶周围没有明显的抗菌环。这一现象与前面的琼脂板法测试结果一致。综上所述，体外抗菌研究的结果表明，

Ag NPs 赋予 PMDL-12%/硼砂水凝胶广谱的抗菌能力，使其具有良好的抗菌性能，可以有效抑制大肠杆菌和金黄色葡萄球菌。

6.3.4 水凝胶的细胞相容性和血液相容性

创面敷料直接接触血液和组织，应具有良好的生物相容性，促进组织细胞的黏附和增殖。为了充分评价 PMDL-12%/硼砂/Ag NPs 水凝胶的生物相容性，进行了细胞相容性和血液相容性测试。在这里，首先通过 MTT 试验使用 L02 细胞对水凝胶提取物的细胞相容性进行了研究。如图 6.9(c) 所示，在与水凝胶提取物共孵育 24h、48h 和 72h 后，未观察到明显的细胞毒性。所有样品的细胞存活率仍然在 90% 以上，且在对照组和水凝胶提取物处理组之间没有明显差异，表明 PMDL-12%/硼砂/Ag NPs 水凝胶具有细胞相容性。结果证实 PMDL-12%/硼砂/Ag NPs 水凝胶不会对 L02 细胞生长产生显著影响。此外，理想的伤口敷料在处理伤口时应该很少或不产生溶血。我们通过体外溶血实验研究了 PMDL-12%/硼砂/Ag NPs 水凝胶的血液相容性，结果如图 6.9(a) 所示。PMDL-12%/硼砂/Ag NPs 水凝胶的溶血率均小于 5%，说明该水凝胶具有良好的血液相容性，适合进一步创面处理。此外，通过将 PMDL-12%/硼砂/Ag NPs 水凝胶皮下注射到小鼠体内，

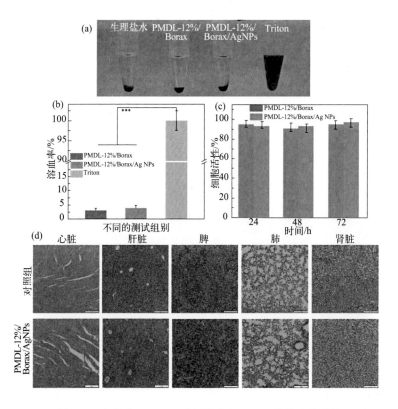

图 6.9 水凝胶 PMDL-12%/硼砂/Ag NPs 的体内外毒性

（a）PMDL-12%/硼砂和 PMDL-12%/硼砂/Ag NPs 水凝胶的溶血实验；

（b）不同样品处理红细胞的溶血率；（c）水凝胶提取物与 L02 细胞孵育后的细胞

活性；（d）小鼠内脏（心、肝、脾、肺、肾）H&E 染色结果（比例尺：2mm）

评估了水凝胶在体内的生物相容性。10d 后对小鼠主要器官进行了组织病理学分析，苏木精和伊红（H&E）染色的结果如图 6.9(d) 所示。PMDL-12%/硼砂/Ag NPs 水凝胶未引起小鼠心、肝、脾、肺、肾组织缺损，与对照组无显著性差异。结果表明，PMDL-12％/硼砂/Ag NPs 水凝胶具有良好的细胞相容性和血液相容性，在创面敷料中具有一定的应用潜力。

6.3.5　水凝胶的体内伤口愈合评价

我们选择了小鼠全层皮肤缺损模型研究 PMDL-12％/硼砂/Ag NPs 水凝胶的伤口修复效果。分别用 PMDL-12％/硼砂和 PMDL-12％/硼砂/Ag NPs 水凝胶覆盖小鼠全创面，PBS 溶液覆盖创面作为对照组，并在处理后监测了伤口面积的变化。如图 6.10(a) 所示，显示了 0、3、5、7 和 10d 内伤口部位的变化。第 0 天的伤口直径为 7mm，而呈现的伤口不规则性是由于小鼠在拍照时移动造成的。总体来看，随着时间的推移，所有组中的伤口面积逐渐减小，但在第 5 天，PMDL-12％/硼砂/Ag NPs 水凝胶处理的伤口面积小于空白和 PMDL-12％/硼砂水凝胶组。此外，在治疗 7d 后，PMDL-12％/硼砂和 PMDL-12％/硼砂/Ag NPs 水凝胶组观察到了明显的皮肤创面闭合，且通过对伤口面积的定量分析图 [6.10(b)]，PMDL-12％/硼砂、PMDL-12％/硼砂/Ag NPs 和 PBS 组的伤口愈合率分别为 $71.78\% \pm 3.57\%$、$87.16\% \pm 2.68\%$ 和 $60.01\% \pm 2.75\%$。在第 10 天，PMDL-12％/硼砂 和 PMDL-12％/硼砂/Ag NPs 水凝胶处理的伤口几乎完全闭合，而 PMDL-12％/硼砂/Ag NPs 水凝胶处理的伤口仅留下轻微的痕迹，并伴随着新的表皮组织生长变得平滑，而 PBS 组仍然观察到不均匀的瘢痕，伤口仍未愈合。PM-DL-12％/硼砂/Ag NPs 水凝胶处理的伤口几乎完全愈合，愈合率为 97.81％±1.32％，而 PBS 组仅为 85.37％±2.11％，表明 PMDL-12％/硼砂/Ag NPs 水凝胶能够内在促进伤口愈合。并且 PBS 组与 PMDL-12％/硼砂/Ag NPs 组之间存在极显著差异（$p < 0.01$）。

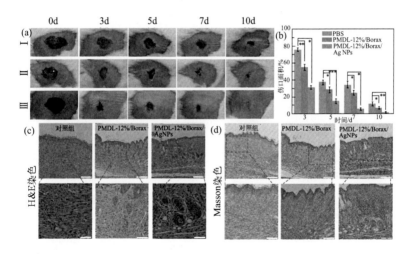

图 6.10　对照（Ⅰ）、PMDL-12％/硼砂（Ⅱ）和 PMDL-12％/硼砂/Ag NPs 水凝胶（Ⅲ）处理第 0、3、5、7 和 10 天伤口愈合过程的照片（a）；不同组创面面积（b）（＊表示 $p < 0.05$，＊＊表示 $p < 0.01$，＊＊＊表示 $p < 0.001$，$n = 3$）；创面在第 10 天的 H&E 和 Masson 三色染色结果（c）

我们进一步通过 H&E 和 Masson 染色评估了第 10 天获得的伤口样本的愈合效果，组织形态学分析的结果，如图 6.10(c) 和 (d) 所示。所有组别中均观察到表皮层再生，其中，PMDL-12％/硼砂和 PMDL-12％/硼砂/Ag NPs 处理组都有组织附着物（如毛囊），相反，空白组的伤口中心仍然有炎症细胞聚集。进一步用放大显微镜检查皮肤组织，空白组仍有大量肉芽组织存在，而 PMDL-12％/硼砂/Ag NPs 组皮肤组织中观察到明显的胶原纤维。此外，图 6.7(c) Masson 染色显示，与空白组和 PMDL-12％/硼砂/Ag NPs 水凝胶组相比，经 PMDL-12％/硼砂水凝胶处理的样品胶原沉积最高。这些结果表明，PMDL-12％/硼砂/Ag NPs 水凝胶具有加速伤口愈合和皮肤再生的能力。这是由于 PMDL-12％/硼砂/Ag NPs 水凝胶具有黏附性能，可以将其覆盖在创面上，再加上 Ag NPs 的抗菌能力，降低了细菌感染的可能性，使其在修复皮肤组织的愈合敷料中具有巨大潜力。

6.4　总结

基于硼酸和糖羟基之间的动态共价键开发了一种自愈合、可注射、可重塑、组织黏附和抗菌多功能水凝胶伤口敷料（PMDL-12％/硼砂/Ag NPs）。该多功能水凝胶具有快速自愈能力和良好的注射性，对生物组织和各种材料表面具有良好的黏附性。此外，该水凝胶对大肠杆菌和金黄色葡萄球菌表现出高效的抗菌活性，可预防伤口护理中的细菌感染。体内外实验表明，多功能水凝胶也显示出良好的细胞相容性和血液相容性，且同时具有通过调节炎症和促进胶原沉积有效地加速皮肤再生和伤口愈合的特性。这种通过简单的方法制备的多功能敷料水凝胶在生物医学领域具有广阔的应用前景。

○ 参考文献

[1] Lam M, Migonney V, Falentin-Daudre C. Review of silicone surface modification techniques and coatings for antibacterial/antimicrobial applications to improve breast implant surfaces [J]. Acta Biomaterialia, 2021, 121: 68-88.

[2] Arciola C R, Campoccia D, Montanaro L. Implant infections: adhesion, biofilm formation and immune evasion [J]. Nature Reviews Microbiology, 2018, 16 (7): 397-409.

[3] Wang Y, Yang Y, Shi Y, et al. Antibiotic-Free Antibacterial Strategies Enabled by Nanomaterials: Progress and Perspectives [J]. Advanced Materials, 2020, 32 (18): 1904106.

[4] Neely A N, Maley M P. Survival of Enterococci and Staphylococci on Hospital Fabrics and Plastic [J]. Journal of Clinical Microbiology, 2000, 38 (2): 724-726.

[5] Luo H, Yin X Q, Tan P F, et al. Polymeric antibacterial materials: design, platforms and applications [J]. Journal of Materials Chemistry B, 2021, 9 (12): 2802-2815.

[6] Samal S K, Dash M, Van Vlierberghe S, et al. Cationic polymers and their therapeutic potential [J]. Chemical Society Reviews, 2012, 41 (21): 7147-7194.

[7] Ma L, Zhang Z, Li J, et al. A New Antimicrobial Agent: Poly (3-hydroxybutyric acid) Oligomer [J]. Macromolecular Bioscience, 2019, 19

(5): 1800432.

[8] Zhang Y, Jiang J, Chen Y. Synthesis and antimicrobial activity of polymeric guanidine and biguanidine salts [J]. Polymer, 1999, 40 (22): 6189-6198.

[9] Bai S, Li X, Zhao Y, et al. Antifogging/Antibacterial Coatings Constructed by N-Hydroxyethylacrylamide and Quaternary Ammonium-Containing Copolymers [J]. ACS Applied Materials & Interfaces, 2020, 12 (10): 12305-12316.

[10] He M, Xiao H, Zhou Y, et al. Synthesis, characterization and antimicrobial activities of water-soluble amphiphilic copolymers containing ciprofloxacin and quaternary ammonium salts [J]. Journal of Materials Chemistry B, 2015, 3 (18): 3704-3713.

[11] Zhao S, Huang W, Wang C, et al. Screening and Matching Amphiphilic Cationic Polymers for Efficient Antibiosis [J]. Biomacromolecules, 2020, 21 (12): 5269-5281.

[12] Li S, Guo Z, Zhang H, et al. ABC Triblock Copolymers Antibacterial Materials Consisting of Fluoropolymer and Polyethylene Glycol Antifouling Block and Quaternary Ammonium Salt Sterilization Block [J]. ACS Applied Bio Materials, 2021, 4 (4): 3166-3177.

[13] Zhu M, Fang Y, Chen Y C, et al. Antifouling and antibacterial behavior of membranes containing quaternary ammonium and zwitterionic polymers [J]. Journal of Colloid and Interface Science, 2021, 584: 225-235.

[14] Rauf A, Ye J, Zhang S, et al. Copper (ii) -based coordination polymer nanofibers as a highly effective antibacterial material with a synergistic mechanism [J]. Dalton Transactions, 2019, 48 (48): 17810-17817.

[15] Huang W C, Ying R, Wang W, et al. A Macroporous Hydrogel Dressing with Enhanced Antibacterial and Anti-Inflammatory Capabilities for Accelerated Wound Healing [J]. Advanced Functional Materials, 2020, 30 (21): 2000644.

[16] Pakdel E, Sharp J, Kashi S, et al. Antibacterial Superhydrophobic Cotton

Fabric with Photothermal, Self-Cleaning, and Ultraviolet Protection Functionalities [J]. ACS Applied Materials & Interfaces, 2023, 15 (28): 34031-34043.

[17] Xie Z, Gan T, Fang L, et al. Recent progress in creating complex and multiplexed surface-grafted macromolecular architectures [J]. Soft Matter, 2020, 16 (38): 8736-8759.

[18] Lin P A, Cheng C H, Hsieh K T, et al. Effect of alkyl chain length and fluorine content on the surface characteristics and antibacterial activity of surfaces grafted with brushes containing quaternized ammonium and fluoro-containing monomers [J]. Colloids and Surfaces B: Biointerfaces, 2021, 202: 111674.

[19] Zain G, Bučková M, Mosnáčková K, et al. Antibacterial cotton fabric prepared by surface-initiated photochemically induced atom transfer radical polymerization of 2- (dimethylamino) ethyl methacrylate with subsequent quaternization [J]. Polymer Chemistry, 2021, 12 (48): 7073-7084.

[20] Fu Y, Yang L, Zhang J, et al. Polydopamine antibacterial materials [J]. Materials Horizons, 2021, 8 (6): 1618-1633.

[21] Li J, Kang L, Wang B, et al. Controlled Release and Long-Term Antibacterial Activity of Dialdehyde Nanofibrillated Cellulose/Silver Nanoparticle Composites [J]. ACS Sustainable Chemistry & Engineering, 2019, 7 (1): 1146-1158.

[22] Ding X, Duan S, Ding X, et al. Versatile Antibacterial Materials: An Emerging Arsenal for Combatting Bacterial Pathogens [J]. Advanced Functional Materials, 2018, 28 (40): 1802140.

[23] Song B, Zhang T, Li X, et al. Thermally responsive copper alginate/nano ZnO/quaternary ammonium chitosan triple antimicrobial fiber [J]. European Polymer Journal, 2023, 197: 112357.

[24] Zhou J, Zhang H, Fareed M S, et al. An Injectable Peptide Hydrogel Constructed of Natural Antimicrobial Peptide J-1 and ADP Shows Anti-Infection, Hemostasis, and Antiadhesion Efficacy [J]. ACS nano, 2022, (5): 16.

[25] He D F, Yu Y L, Liu F Q, et al. Quaternary ammonium salt-based cross-linked micelle templated synthesis of highly active silver nanocomposite for synergistic anti-biofilm application [J]. Chemical Engineering Journal, 2020, 382:

[26] Feng L B, Liu Y, Chen Y N, et al. Injectable Antibacterial Hydrogel with Asiaticoside-Loaded Liposomes and Ultrafine Silver Nanosilver Particles Promotes Healing of Burn-Infected Wounds [J]. Advanced Healthcare Materials, 2023:

[27] Wu X L, Zheng S J, Yao J, et al. Long-Term Synergistic Antibacterial Composite Films Boosted by Controlled Underwater Surface Reconstruction [J]. Advanced Materials Interfaces, 2022, 9 (25):

[28] Yang K, Shi J, Wang L, et al. Bacterial anti-adhesion surface design: Surface patterning, roughness and wettability: A review [J]. Journal of Materials Science & Technology, 2022, 99: 82-100.

[29] Banerjee I, Pangule R C, Kane R S. Antifouling Coatings: Recent Developments in the Design of Surfaces That Prevent Fouling by Proteins, Bacteria, and Marine Organisms [J]. Advanced Materials, 2011, 23 (6): 690-718.

[30] Park K D, Kim Y S, Han D K, et al. Bacterial adhesion on PEG modified polyurethane surfaces [J]. Biomaterials, 1998, 19 (7-9): 851-859.

[31] Liu S, Jiang T, Guo R, et al. Injectable and Degradable PEG Hydrogel with Antibacterial Performance for Promoting Wound Healing [J]. ACS Applied Bio Materials, 2021, 4 (3): 2769-2780.

[32] Peng L, Chang L, Liu X, et al. Antibacterial Property of a Polyethylene Glycol-Grafted Dental Material [J]. ACS Applied Materials & Interfaces, 2017, 9 (21): 17688-17692.

[33] Li Q, Wen C, Yang J, et al. Zwitterionic Biomaterials [J]. Chemical Reviews, 2022, 122 (23): 17073-17154.

[34] Wang Y, He C, Chen C, et al. Thermoresponsive Self-Healing Zwitterionic Hydrogel as an In Situ Gelling Wound Dressing for Rapid Wound Healing [J].

165

ACS Applied Materials & Interfaces, 2022, 14 (50): 55342-55353.

[35] Luo L, Li G, Luan D, et al. Antibacterial Adhesion of Borneol-Based Polymer via Surface Chiral Stereochemistry [J]. ACS Applied Materials & Interfaces, 2014, 6 (21): 19371-19377.

[36] Dou X Q, Zhang D, Feng C, et al. Bioinspired Hierarchical Surface Structures with Tunable Wettability for Regulating Bacteria Adhesion [J]. ACS nano, 2015, 9 (11): 10664-10672.

[37] Wu Y, Liu P, Mehrjou B, et al. Interdisciplinary-Inspired Smart Antibacterial Materials and Their Biomedical Applications [J]. Advanced Materials, n/a (n/a): 2305940.

[38] Nagase K, Yamato M, Kanazawa H, et al. Poly (N-isopropylacrylamide) -based thermoresponsive surfaces provide new types of biomedical applications [J]. Biomaterials, 2018, 153: 27-48.

[39] Jiang R, Yi Y, Hao L, et al. Thermoresponsive Nanostructures: From Mechano-Bactericidal Action to Bacteria Release [J]. ACS Applied Materials & Interfaces, 2021, 13 (51): 60865-60877.

[40] Laloyaux X, Fautré E, Blin T, et al. Temperature-Responsive Polymer Brushes Switching from Bactericidal to Cell-Repellent [J]. Advanced Materials, 2010, 22 (44): 5024-5028.

[41] Dai S, Ravi P, Tam K C. pH-Responsive polymers: synthesis, properties and applications [J]. Soft Matter, 2008, 4 (3): 435-449.

[42] Parnell A J, Martin S J, Dang C C, et al. Synthesis, characterization and swelling behaviour of poly (methacrylic acid) brushes synthesized using atom transfer radical polymerization [J]. Polymer, 2009, 50 (4): 1005-1014.

[43] Wei T, Tang Z, Yu Q, et al. Smart Antibacterial Surfaces with Switchable Bacteria-Killing and Bacteria-Releasing Capabilities [J]. ACS Applied Materials & Interfaces, 2017, 9 (43): 37511-37523.

[44] Yan S, Shi H, Song L, et al. Nonleaching Bacteria-Responsive Antibacterial Surface Based on a Unique Hierarchical Architecture [J]. ACS Applied Mate-

rials & Interfaces, 2016, 8 (37): 24471-24481.

[45] Szymański W, Beierle J M, Kistemaker H A V, et al. Reversible Photocontrol of Biological Systems by the Incorporation of Molecular Photoswitches [J]. Chemical Reviews, 2013, 113 (8): 6114-6178.

[46] Gohy J F, Zhao Y. Photo-responsive block copolymer micelles: design and behavior [J]. Chemical Society Reviews, 2013, 42 (17): 7117-7129.

[47] Wei T, Zhan W, Yu Q, et al. Smart Biointerface with Photoswitched Functions between Bactericidal Activity and Bacteria-Releasing Ability [J]. ACS Applied Materials & Interfaces, 2017, 9 (31): 25767-25774.

[48] Babii O, Afonin S, Berditsch M, et al. Controlling Biological Activity with Light: Diarylethene- Containing Cyclic Peptidomimetics [J]. Angewandte Chemie-International Edition, 2014, 53 (13): 3392-3395.

[49] Xu X, Wang Q, Chang Y, et al. Antifouling and Antibacterial Surfaces Grafted with Sulfur-Containing Copolymers [J]. ACS Applied Materials & Interfaces, 2022, 14 (36): 41400-41411.

[50] Yuan Y, Shang Y, Zhou Y, et al. Enabling Antibacterial and Antifouling Coating via Grafting of a Nitric Oxide-Releasing Ionic Liquid on Silicone Rubber [J]. Biomacromolecules, 2022, 23 (6): 2329-2341.

[51] Cao Z M, Luo Y, Li Z Y, et al. Antibacterial Hybrid Hydrogels [J]. Macromolecular Bioscience, 2021, 21 (1).

[52] Yang Z, Huang R, Zheng B, et al. Highly Stretchable, Adhesive, Biocompatible, and Antibacterial Hydrogel Dressings for Wound Healing [J]. Advanced Science, 2021, 8 (8): 2003627.

[53] Zhong Y, Seidi F, Wang Y, et al. Injectable chitosan hydrogels tailored with antibacterial and antioxidant dual functions for regenerative wound healing [J]. Carbohydrate Polymers, 2022, 298: 120103.

[54] Ren Y, Yan B, Wang P, et al. Construction of a Rapid Photothermal Antibacterial Silk Fabric via QCS-Guided In Situ Deposition of CuSNPs [J]. ACS Sustainable Chemistry & Engineering, 2022, 10 (6): 2192-2203.

[55] Wang F, Yan B, Li Z, et al. Rapid Antibacterial Effects of Silk Fabric Constructed through Enzymatic Grafting of Modified PEI and AgNP Deposition [J]. ACS Applied Materials & Interfaces, 2021, 13 (28): 33505-33515.

[56] Zhang N, Deng Z, Wang Q, et al. Phase-transited lysozyme with secondary reactivity for moisture-permeable antibacterial wool fabric [J]. Chemical Engineering Journal, 2022, 432: 134198.

[57] Musil J. Flexible Antibacterial Coatings [J]. Molecules, 2017, 22 (5).

[58] Zhao J, Yang P. Amyloid-Mediated Fabrication of Organic-Inorganic Hybrid Materials and Their Biomedical Applications [J]. Advanced Materials Interfaces, 2020, 7 (19): 2001060.

[59] Vijayakanth T, Liptrot D J, Gazit E, et al. Recent Advances in Organic and Organic-Inorganic Hybrid Materials for Piezoelectric Mechanical Energy Harvesting [J]. Advanced Functional Materials, 2022, 32 (17): 2109492.

[60] Shirai Y, Sasaki A, Sato S, et al. Fabrication of an Organic-Inorganic Hybrid Hard Coat with a Gradient Structure Controlled by Photoirradiation [J]. ACS Applied Materials & Interfaces, 2023, 15 (23): 28563-28569.

[61] Tong H, Zhou Z, Du Y, et al. Copper Iodide Cluster Incorporated Luminescent Organic-Inorganic Hybrid Coating Exhibiting Both Corrosion Protection and Antibacterial Properties [J]. Inorganic Chemistry, 2022, 61 (43): 16971-16975.

[62] Chen L, Wang J, Ye J, et al. One-step assembly of organic-inorganic hybrid coatings with superior thermal insulation, sustainable antifogging and self-cleaning capabilities [J]. Progress in Organic Coatings, 2023, 184: 107878.

[63] Han C, Waclawik E R, Yang X, et al. Reversible Switching of the Amphiphilicity of Organic-Inorganic Hybrids by Adsorption-Desorption Manipulation [J]. The Journal of Physical Chemistry C, 2019, 123 (34): 21097-21102.

[64] Wen J, Wilkes G L. Organic/Inorganic Hybrid Network Materials by the Sol-Gel Approach [J]. Chemistry of Materials, 1996, 8 (8): 1667-1681.

［65］ Su, Yeon, Lee, et al. Effects of (-)-borneol on the growth and morphology of Aspergillus fumigatusand Epidermophyton floccosom ［J］. Flavour & Fragrance Journal, 2012：

［66］ Lu Y, Sathasivam S, Song J, et al. Robust self-cleaning surfaces that function when exposed to either air or oil ［J］. Science, 2015, 347 (6226)：1132-1135.

［67］ Li X, Zuo W, Luo M, et al. Silver chloride loaded hollow mesoporous aluminosilica spheres and their application in antibacterial coatings ［J］. Materials Letters, 2013, 105：159-161.

［68］ Wu X, Liu M, Zhong X, et al. Smooth Water-Based Antismudge Coatings for Various Substrates ［J］. ACS Sustainable Chemistry & Engineering, 2017, 5 (3)：2605-2613.

［69］ Xie Y, Liu W, Liang L, et al. Enhancement of anticorrosion property and hydrophobicity of modified epoxy coatings with fluorinated polyacrylate ［J］. Colloids and Surfaces A：Physicochemical and Engineering Aspects, 2019, 579：123659.

［70］ Cao D, Zhang Y, Li Y, et al. Fabrication of superhydrophobic coating for preventing microleakage in a dental composite restoration ［J］. Materials Science and Engineering：C, 2017, 78：333-340.

［71］ Sun X, Qian Z, Luo L, et al. Antibacterial Adhesion of Poly (methyl methacrylate) Modified by Borneol Acrylate ［J］. ACS Applied Materials & Interfaces, 2016, 8 (42)：28522-28528.

［72］ Ehrnhöfer-Ressler M M, Fricke K, Pignitter M, et al. Identification of 1, 8-Cineole, Borneol, Camphor, and Thujone as Anti-inflammatory Compounds in a Salvia officinalis L. Infusion Using Human Gingival Fibroblasts ［J］. Journal of Agricultural and Food Chemistry, 2013, 61 (14)：3451-3459.

［73］ Zhang M, Qing G, Sun T. Chiral biointerface materials ［J］. Chemical Society Reviews, 2012, 41 (5)：1972-1984.

[74] Wang X, Gan H, Sun T, et al. Stereochemistry triggered differential cell behaviours on chiral polymer surfaces [J]. Soft Matter, 2010, 6 (16): 3851-3855.

[75] Wang X, Jing S, Liu Y, et al. Diblock copolymer containing bioinspired borneol and dopamine moieties: Synthesis and antibacterial coating applications [J]. Polymer, 2017, 116: 314-323.

[76] Hetrick E M, Schoenfisch M H. Reducing implant-related infections: active release strategies [J]. Chemical Society Reviews, 2006, 35 (9): 780-789.

[77] Wang Y, Wang F, Zhang H, et al. Antibacterial material surfaces/interfaces for biomedical applications [J]. Applied Materials Today, 2021, 25: 101192.

[78] Xu J, Zhao H, Xie Z, et al. Stereochemical Strategy Advances Microbially Antiadhesive Cotton Textile in Safeguarding Skin Flora [J]. Advanced Healthcare Materials, 2019, 8 (15): 1900232.

[79] Yang L, Zhan C, Huang X, et al. Durable Antibacterial Cotton Fabrics Based on Natural Borneol-Derived Anti-MRSA Agents [J]. Advanced Healthcare Materials, 2020, 9 (11): 2000186.

[80] Gökaltun A, Kang Y B, Yarmush M L, et al. Simple Surface Modification of Poly (dimethylsiloxane) via Surface Segregating Smart Polymers for Biomicrofluidics [J]. Scientific Reports, 2019, 9 (1): 7377.

[81] Choudhury R R, Gohil J M, Mohanty S, et al. Antifouling, fouling release and antimicrobial materials for surface modification of reverse osmosis and nanofiltration membranes [J]. Journal of Materials Chemistry A, 2018, 6 (2): 313-333.

[82] Volokhova A S, Edgar K J, Matson J B. Polysaccharide-containing block copolymers: synthesis and applications [J]. Materials Chemistry Frontiers, 2020, 4 (1): 99-112.

[83] Wang H, Hu Y, Lynch D, et al. Zwitterionic Polyurethanes with Tunable Surface and Bulk Properties [J]. ACS Applied Materials & Interfaces, 2018,

10 (43): 37609-37617.

[84] Mi L, Jiang S. Integrated Antimicrobial and Nonfouling Zwitterionic Polymers [J]. Angewandte Chemie International Edition, 2014, 53 (7): 1746-1754.

[85] Li D, Wei Q, Wu C, et al. Superhydrophilicity and strong salt-affinity: Zwitterionic polymer grafted surfaces with significant potentials particularly in biological systems [J]. Advances in Colloid and Interface Science, 2020, 278: 102141.

[86] Huang K T, Fang Y L, Hsieh P S, et al. Non-sticky and antimicrobial zwitterionic nanocomposite dressings for infected chronic wounds [J]. Biomaterials Science, 2017, 5 (6): 1072-1081.

[87] Cheng G, Xue H, Zhang Z, et al. A Switchable Biocompatible Polymer Surface with Self-Sterilizing and Nonfouling Capabilities [J]. Angewandte Chemie International Edition, 2008, 47 (46): 8831-8834.

[88] Wang W, Xiang L, Gong L, et al. Injectable, Self-Healing Hydrogel with Tunable Optical, Mechanical, and Antimicrobial Properties [J]. Chemistry of Materials, 2019, 31 (7): 2366-2376.

[89] Peng Y Y, Diaz-Dussan D, Kumar P, et al. Acid Degradable Cationic Galactose-Based Hyperbranched Polymers as Nanotherapeutic Vehicles for Epidermal Growth Factor Receptor (EGFR) Knockdown in Cervical Carcinoma [J]. Biomacromolecules, 2018, 19 (10): 4052-4058.

[90] Thissen H, Koegler A, Salwiczek M, et al. Prebiotic-chemistry inspired polymer coatings for biomedical and material science applications [J]. NPG Asia Materials, 2015, 7 (11): e225-e225.

[91] Li S, Cai Y, Cao J, et al. Phosphorylcholine micelles decorated by hyaluronic acid for enhancing antitumor efficiency [J]. Polymer Chemistry, 2017, 8 (16): 2472-2483.

[92] Ma W, Yang P, Li J, et al. Immobilization of poly (MPC) brushes onto titanium surface by combining dopamine self-polymerization and ATRP: Preparation, characterization and evaluation of hemocompatibility in vitro [J]. Ap-

plied Surface Science, 2015, 349: 445-451.

[93] Sadri R, Hosseini M, Kazi S N, et al. A bio-based, facile approach for the preparation of covalently functionalized carbon nanotubes aqueous suspensions and their potential as heat transfer fluids [J]. Journal of Colloid and Interface Science, 2017, 504: 115-123.

[94] Tan X, Zhan J, Zhu Y, et al. Improvement of Uveal and Capsular Biocompatibility of Hydrophobic Acrylic Intraocular Lens by Surface Grafting with 2-Methacryloyloxyethyl Phosphorylcholine-Methacrylic Acid Copolymer [J]. Scientific Reports, 2017, 7 (1): 40462.

[95] Menzies D J, Ang A, Thissen H, et al. Adhesive Prebiotic Chemistry Inspired Coatings for Bone Contacting Applications [J]. ACS Biomaterials Science & Engineering, 2017, 3 (5): 793-806.

[96] Mainul, Haque, Massimo, et al. Health care-associated infections - an overview [J]. Infection and drug resistance, 2018.

[97] Mitra D, Kang E T, Neoh K G. Polymer-Based Coatings with Integrated Antifouling and Bactericidal Properties for Targeted Biomedical Applications [J]. ACS Applied Polymer Materials, 2021, 3 (5): 2233-2263.

[98] Hasan J, Crawford R J, Ivanova E P. Antibacterial surfaces: the quest for a new generation of biomaterials-ScienceDirect [J]. Trends in Biotechnology, 2013, 31 (5): 295-304.

[99] Marston H D, Dixon D M, Knisely J M, et al. Antimicrobial Resistance [J]. JAMA-JOURNAL OF THE AMERICAN MEDICAL ASSOCIATION, 2016, 316 (11): 1193-1204.

[100] Aslam B, Wang W, Arshad M I, et al. Antibiotic resistance: a rundown of a global crisis [J]. Infection and drug resistance, 2018, 11: 1645-1658.

[101] Zhang X Y, Zhao Y Q, Zhang Y D, et al. Antimicrobial Peptide-Conjugated Hierarchical Antifouling Polymer Brushes for Functionalized Catheter Surfaces [J]. Biomacromolecules, 2019, 20 (11): 4171-4179.

[102] Wang S H, Tang T W H, Wu E, et al. Inhibition of bacterial adherence to

biomaterials by coating antimicrobial peptides with anionic surfactant [J]. Colloids and Surfaces B: Biointerfaces, 2020, 196: 111364.

[103] Ghilini F, Fagali N, Pissinis D E, et al. Multifunctional Titanium Surfaces for Orthopedic Implants: Antimicrobial Activity and Enhanced Osseointegration [J]. ACS Applied Bio Materials, 2021, 4 (8): 6451-6461.

[104] Lin K, Kasko A M. Carbohydrate-Based Polymers for Immune Modulation [J]. ACS Macro Letters, 2014, 3 (7): 652-657.

[105] Su L, Feng Y Wei K, et al. Carbohydrate-Based Macromolecular Biomaterials [J]. Chemical Reviews, 2021.

[106] Do O J M, Foralosso R, Yilmaz G, et al. Poly (triazolyl methacrylate) glycopolymers as potential targeted unimolecular nanocarriers [J]. Nanoscale, 2019, 11 (44): 21155-21166.

[107] Lundquist J J, Toone E J. The Cluster Glycoside Effect [J]. Chemical Reviews, 2002, 102 (2): 555-578.

[108] Delbianco M, Bharate P, Varela-Aramburu S, et al. Carbohydrates in Supramolecular Chemistry [J]. Chemical Reviews, 2016, 116 (4): 1693-1752.

[109] Feng K, Peng L, Yu L, et al. Universal Antifogging and Antimicrobial Thin Coating Based on Dopamine-Containing Glycopolymers [J]. ACS Applied Materials & Interfaces, 2020, 12 (24): 27632-27639.

[110] Jin Y, Wong K H, Granville A M. Enhancement of Localized Surface Plasmon Resonance polymer based biosensor chips using well-defined glycopolymers for lectin detection [J]. Journal of Colloid and Interface Science, 2016, 462: 19-28.

[111] Xue H, Zhao Z, Chen S, et al. Antibacterial coatings based on microgels containing quaternary ammonium ions: Modification with polymeric sugars for improved cytocompatibility [J]. Colloid and Interface Science Communications, 2020, 37: 100268.

[112] Wang C, Fang H, Hang C, et al. Fabrication and characterization of silk fi-

broin coating on APTES pretreated Mg-Zn-Ca alloy [J]. Materials Science and Engineering: C, 2020, 110: 110742.

[113] Singhsa P, Manuspiya H, Narain R. Study of the RAFT homopolymerization and copolymerization of N-[3-(dimethylamino) propyl] methacrylamide hydrochloride and evaluation of the cytotoxicity of the resulting homo- and copolymers [J]. Polymer Chemistry, 2017, 8 (28): 4140-4151.

[114] Neisiany R E, Khorasani S N, Kong Yoong Lee J, et al. Encapsulation of epoxy and amine curing agent in PAN nanofibers by coaxial electrospinning for self-healing purposes [J]. RSC Advances, 2016, 6 (74): 70056-70063.

[115] Chen Y, Duan Q, Zhu J, et al. Anchor and bridge functions of APTES layer on interface between hydrophilic starch films and hydrophobic soyabean oil coating [J]. Carbohydrate Polymers, 2021, 272: 118450.

[116] Chen J, Zhu Y, Ni Q, et al. Surface modification and characterization of aramid fibers with hybrid coating [J]. Applied Surface Science, 2014, 321: 103-108.

[117] Xie Z, Li G, Wang X. Chiral Stereochemical Strategy for Antimicrobial Adhesion [M]. Racing for the Surface, 2020.

[118] Buwalda S J, Boere K W M, Dijkstra P J, et al. Hydrogels in a historical perspective: From simple networks to smart materials [J]. Journal of Controlled Release, 2014, 190: 254-273.

[119] Bermejo-Velasco D, Kadekar S, Tavares da Costa M V, et al. First Aldol Cross-Linked Hyaluronic Acid Hydrogel: Fast and Hydrolytically Stable Hydrogel with Tissue Adhesive Properties [J]. ACS Applied Materials & Interfaces, 2019, 11 (41): 38232-38239.

[120] Correa S, Grosskopf A K, Lopez Hernandez H, et al. Translational Applications of Hydrogels [J]. Chemical Reviews, 2021, 121 (18): 11385-11457.

[121] Bernhard S, Tibbitt M W. Supramolecular engineering of hydrogels for drug

delivery [J]. Advanced Drug Delivery Reviews, 2021, 171: 240-256.

[122] Asim M. H, Silberhumer S, Shahzadi I, et al. S-protected thiolated hyaluronic acid: In-situ crosslinking hydrogels for 3D cell culture scaffold [J]. Carbohydrate Polymers, 2020, 237: 116092.

[123] Distler T, Boccaccini A R. 3D printing of electrically conductive hydrogels for tissue engineering and biosensors - A review [J]. Acta Biomaterialia, 2020, 101: 1-13.

[124] Talebian S, Mehrali M, Taebnia N, et al. Self-Healing Hydrogels: The Next Paradigm Shift in Tissue Engineering? [J]. Advanced Science, 2019, 6 (16): 1801664.

[125] Tu Y, Chen N, Li C, et al. Advances in injectable self-healing biomedical hydrogels [J]. Acta Biomaterialia, 2019, 90: 1-20.

[126] Chen Y, Wang W, Wu D, et al. Injectable Self-Healing Zwitterionic Hydrogels Based on Dynamic Benzoxaborole-Sugar Interactions with Tunable Mechanical Properties [J]. Biomacromolecules, 2018, 19 (2): 596-605.

[127] Yuan N, Xu L, Xu B, et al. Chitosan derivative-based self-healable hydrogels with enhanced mechanical properties by high-density dynamic ionic interactions [J]. Carbohydrate Polymers, 2018, 193: 259-267.

[128] Smithmyer M E, Deng C C, Cassel S E, et al. Self-Healing Boronic Acid-Based Hydrogels for 3D Co-cultures [J]. ACS Macro Letters, 2018, 7 (9): 1105-1110.

[129] Mereddy G R, Chakradhar A, Rutkoski R M, et al. Benzoboroxoles: Synthesis and applications in medicinal chemistry [J]. Journal of Organometallic Chemistry, 2018, 865: 12-22.

[130] Black M, Trent A, Kostenko Y, et al. Self-Assembled Peptide Amphiphile Micelles Containing a Cytotoxic T-Cell Epitope Promote a Protective Immune Response In Vivo [J]. Advanced Materials, 2012, 24 (28): 3845-3849.

[131] Hoque J, Bhattacharjee B, Prakash R G, et al. Dual Function Injectable Hydrogel for Controlled Release of Antibiotic and Local Antibacterial Thera-

py [J]. Biomacromolecules, 2018, 19 (2): 267-278.

[132] Niu Y, Guo T, Yuan X, et al. An injectable supramolecular hydrogel hybridized with silver nanoparticles for antibacterial application [J]. Soft Matter, 2018, 14 (7): 1227-1234.

[133] Xu F, Padhy H, Al-Dossary M, et al. Synthesis and properties of the metallo-supramolecular polymer hydrogel poly [methyl vinyl ether-alt-mono-sodium maleate] · $AgNO_3$: $Ag+/Cu^{2+}$ ion exchange and effective antibacterial activity [J]. Journal of Materials Chemistry B, 2014, 2 (37): 6406-6411.

[134] Dai T, Wang C, Wang Y, et al. A Nanocomposite Hydrogel with Potent and Broad-Spectrum Antibacterial Activity [J]. ACS Applied Materials & Interfaces, 2018, 10 (17): 15163-15173.

[135] Lakes A L, Peyyala R, Ebersole J L, et al. Synthesis and Characterization of an Antibacterial Hydrogel Containing Covalently Bound Vancomycin [J]. Biomacromolecules, 2014, 15 (8): 3009-3018.

[136] Pan J, Jin Y, Lai S, et al. An antibacterial hydrogel with desirable mechanical, self-healing and recyclable properties based on triple-physical crosslinking [J]. Chemical Engineering Journal, 2019, 370: 1228-1238.

[137] Yesilyurt V, Webber M J, Appel E A, et al. Injectable Self-Healing Glucose-Responsive Hydrogels with pH-Regulated Mechanical Properties [J]. Advanced Materials, 2016, 28 (1): 86-91.

[138] Pettignano A, Grijalvo S, Häring M, et al. Boronic acid-modified alginate enables direct formation of injectable, self-healing and multistimuli-responsive hydrogels [J]. Chemical Communications, 2017, 53 (23): 3350-3353.

[139] Bérubé M, Dowlut M, Hall D G. Benzoboroxoles as Efficient Glycopyranoside-Binding Agents in Physiological Conditions: Structure and Selectivity of Complex Formation [J]. The Journal of Organic Chemistry, 2008, 73 (17): 6471-6479.

[140] Zheng K, Tong Y, Zhang S, et al. Flexible Bicolorimetric Polyacrylamide/ Chitosan Hydrogels for Smart Real-Time Monitoring and Promotion of Wound Healing [J]. Advanced Functional Materials, 2021, 31 (34): 2102599.

[141] Rousselle P, Braye F, Dayan G. Re-epithelialization of adult skin wounds: Cellular mechanisms and therapeutic strategies [J]. Advanced Drug Delivery Reviews, 2019, 146: 344-365.

[142] Belkaid Y, Segre J A. Dialogue between skin microbiota and immunity [J]. Science, 2014, 346 (6212): 954-959.

[143] Percival S L, Thomas J G, Williams D W. Biofilms and bacterial imbalances in chronic wounds: anti-Koch [J]. International Wound Journal, 2010, 7 (3): 169-175.

[144] Xiang J, Zhu R, Lang S, et al. Mussel-inspired immobilization of zwitterionic silver nanoparticles toward antibacterial cotton gauze for promoting wound healing [J]. Chemical Engineering Journal, 2021, 409: 128291.

[145] Zhao X, Liu L, An T, et al. A hydrogen sulfide-releasing alginate dressing for effective wound healing [J]. Acta Biomaterialia, 2020, 104: 85-94.

[146] Teng M, Li Z, Wu X, et al. Development of tannin-bridged cerium oxide microcubes-chitosan cryogel as a multifunctional wound dressing [J]. Colloids and Surfaces B: Biointerfaces, 2022, 214: 112479.

[147] Liang Y, He J, Guo B. Functional Hydrogels as Wound Dressing to Enhance Wound Healing [J]. ACS Nano, 2021, 15 (8): 12687-12722.

[148] Shen Z, Zhang C, Wang T, et al. Advances in Functional Hydrogel Wound Dressings: A Review [J]. Polymers, 2023, 15 (9): 2000.

[149] Bertsch P, Diba M, Mooney D J, et al. Self-Healing Injectable Hydrogels for Tissue Regeneration [J]. Chemical Reviews, 2023, 123 (2): 834-873.

[150] Zhao D, Feng M, Zhang L, et al. Facile synthesis of self-healing and layered sodium alginate/polyacrylamide hydrogel promoted by dynamic hydrogen bond [J]. Carbohydrate Polymers, 2021, 256: 117580.

[151] Shao Z, Yin T, Jiang J, et al. Wound microenvironment self-adaptive hydrogel with efficient angiogenesis for promoting diabetic wound healing [J]. Bioactive Materials, 2023, 20: 561-573.

[152] Brooks W L A, Sumerlin B S. Synthesis and Applications of Boronic Acid-Containing Polymers: From Materials to Medicine [J]. Chemical Reviews, 2016, 116 (3): 1375-1397.

[153] Chen Y, Tan Z, Wang W, et al. Injectable, Self-Healing, and Multi-Responsive Hydrogels via Dynamic Covalent Bond Formation between Benzoxaborole and Hydroxyl Groups [J]. Biomacromolecules, 2019, 20 (2): 1028-1035.

[154] Zhu D Y, Chen Z P, Hong Z P, et al. Injectable thermo-sensitive and wide-crack self-healing hydrogel loaded with antibacterial anti-inflammatory dipotassium glycyrrhizate for full-thickness skin wound repair [J]. Acta Biomaterialia, 2022, 143: 203-215.

[155] Li D, Fei X, Wang K, et al. A novel self-healing triple physical cross-linked hydrogel for antibacterial dressing [J]. Journal of Materials Chemistry B, 2021, 9 (34): 6844-6855.

[156] Yang Z, Ren X, Liu Y. N-halamine modified ceria nanoparticles: Antibacterial response and accelerated wound healing application via a 3D printed scaffold [J]. Composites Part B: Engineering, 2021, 227: 109390.

[157] Zhu J, Han H, Li F, et al. Peptide-Functionalized Amino Acid-Derived Pseudoprotein-Based Hydrogel with Hemorrhage Control and Antibacterial Activity for Wound Healing [J]. Chemistry of Materials, 2019, 31 (12): 4436-4450.

[158] Feng T, Wu H, Ma W, et al. An injectable thermosensitive hydrogel with a self-assembled peptide coupled with an antimicrobial peptide for enhanced wound healing [J]. Journal of Materials Chemistry B, 2022, 10 (32): 6143-6157.

[159] Cheng H, Liu H, Shi Z, et al. Long-term antibacterial and biofilm disper-

sion activity of an injectable in situ crosslinked co-delivery hydrogel/microgel for treatment of implant infection [J]. Chemical Engineering Journal, 2022, 433: 134451.

[160] Li S, Dong S, Xu W, et al. Antibacterial Hydrogels [J]. Advanced Science, 2018, 5 (5): 1700527.

[161] Su L, Feng Y, Wei K, et al. Carbohydrate-Based Macromolecular Biomaterials [J]. Chemical Reviews, 2021, 121 (18): 10950-11029.

[162] Maan A M C, Hofman A H, de Vos W M, et al. Recent Developments and Practical Feasibility of Polymer-Based Antifouling Coatings [J]. Advanced Functional Materials, 2020, 30 (32): 2000936.